SOCIÉTÉ DES AGRICULTEURS DE FRANCE

CONGRÈS INTERNATIONAL DE L'AGRICULTURE

ÉCONOMIE RURALE DU DANEMARK

Mémoires adressés par la Société Royale d'Agriculture
du Danemark

RÉSUMÉS ET MIS EN ORDRE

PAR

JULES GODEFROY

MEMBRE DE LA SOCIÉTÉ DES AGRICULTEURS DE FRANCE
SECRÉTAIRE DE LA SECTION D'AGRICULTURE

PARIS

AU SIÉGE DE LA SOCIÉTÉ

1, RUE LEPELETIER, 1

1878

—

ÉCONOMIE RURALE DU DANEMARK

5277-76 — CORBEIL. TYP. ET STÉR. DE CRÉTÉ

SOCIÉTÉ DES AGRICULTEURS DE FRANCE

CONGRÈS INTERNATIONAL DE L'AGRICULTURE

ÉCONOMIE RURALE DU DANEMARK

Mémoires adressés par la Société Royale d'Agriculture
du Danemark

RÉSUMÉS ET MIS EN ORDRE

PAR

JULES GODEFROY

MEMBRE DE LA SOCIÉTÉ DES AGRICULTEURS DE FRANCE
SECRÉTAIRE DE LA SECTION D'AGRICULTURE

PARIS
AU SIÉGE DE LA SOCIÉTÉ
1, RUE LEPELETIER, 1
1878

Dès que la Société des agriculteurs de France eut décidé qu'elle ouvrirait pendant l'Exposition universelle un grand congrès international, elle fit connaître cette décision à toutes les nations agricoles, en les invitant à envoyer des délégués au congrès.

Il ne suffisait pas cependant de recueillir de cordiales adhésions, il fallait préparer avec méthode les matières à discuter, de façon à pouvoir présenter au congrès, pendant sa courte session, les questions de l'intérêt le plus immédiat. Il était nécessaire de connaître exactement l'état de l'agriculture des pays conviés à notre réunion, leurs besoins, les progrès accomplis ou à réaliser.

Dans ce but, un questionnaire a été adressé au monde entier, auquel un grand nombre de nations ont répondu avec empressement.

Les documents reçus par la Société fournissent un ensemble de renseignements considérable et donneront une idée très-nette de la situation agricole en 1878.

Le travail que nous présentons est le résumé de mémoires très-consciencieux, d'études approfondies qui ont été entreprises par les soins de la Société royale d'agriculture du Danemark.

C'est un tableau complet de l'économie rurale de cette sympathique contrée, trop peu connue en France, et qui a réalisé depuis un certain nombre d'années de grands progrès au point de vue agricole.

On a cru, et l'on croit encore d'après quelques auteurs, que les agriculteurs danois sont restés en arrière du grand mouvement qui s'est opéré depuis le commencement du siècle ; c'est une erreur.

Si l'assolement alterne des fermes anglaises et des cultures du nord de la France n'est pas plus usité en Danemark, cela est dû seulement aux influences du climat et à la nature du sol. Les agriculteurs ont été obligés de conserver longtemps la jachère pure, et de s'en tenir le plus souvent au système pastoral mixte, dans un pays où les conditions climatériques s'opposent presque partout à la culture des racines.

Si la culture n'est pas aussi intensive que le voudraient les Danois eux-mêmes, en revanche l'élevage des bestiaux et des rotations bien entendues leur ont permis d'accroître la fertilité du sol qui reçoit des avances considérables d'engrais, et qui, en bien des endroits, en est arrivé au maximum de rendement.

L'étude sur l'économie rurale du Danemark se compose de deux parties. Dans la première, les auteurs ont donné la description du sol, du climat ; la situation économique ; des indications sur le matériel agricole, les constructions rurales et l'enseignement de l'agriculture.

La seconde partie est consacrée surtout aux travaux du sol et aux méthodes d'exploitation.

La haute situation des divers auteurs, les fonctions qu'ils occupent, donnent à leurs communications une grande valeur et font de leur ensemble un véritable travail officiel.

Les savants qui ont apporté leur collaboration à cette œuvre commune sont MM.

Le professeur JOHNSTRUP........... *Géognosie.*
Le directeur J. LA COUR............ *Fécondité du sol.*
LE MÊME...................... *Matériel agricole.*
Le capitaine HOFFMEYER........... *Climatologie.*
Le professeur FALBE HANSEN........ *Biens-fonds, leur étendue, leur valeur.*
LE MÊME...................... *Population ouvrière.*
L'architecte KLEIN............... *Constructions rurales.*
Le professeur SCHARLING.......... *Voies de communication.*
Le professeur JORGENSEN.......... *Enseignement agricole.*
Le capitaine DALGAS.............. *Défrichement des landes.*
L'inspecteur FEILBERG............. *Endiguements, drainages.*
Le rédacteur FRÉDÉRIKSEN......... *Agriculture, assolements, engrais.*

Le professeur Prosch............. *Économie du bétail.*
Le professeur Dybdall............ *Horticulture.*
Le professeur E. Muller, docteur ès
    sciences et ès lettres........... *Sylviculture.*
Le professeur Segelcke........... *Laiteries.*

Nous nous sommes efforcé, tout en nous maintenant dans le cadre qui nous a été limité, de conserver à chacun des mémoires son caractère original, et nous avons l'espoir qu'on lira avec intérêt des travaux qui font si nettement ressortir les progrès accomplis par les agriculteurs danois.

JULES GODEFROY.

PREMIÈRE PARTIE

GÉOGNOSIE

Le Danemark est un pays plat dépourvu de rochers proprement dits. Le sol est le produit de formations diluviennes ou d'alluvions ; à peine rencontre-t-on, de place en place, des terrains appartenant à l'époque tertiaire et crétacée.

Les couches supérieures sont de deux natures : 1° elles sont identiques à celles sur lesquelles elles reposent, et n'ont formé le sol que par la décomposition des roches ; 2° elles sont le fait d'accumulations de matériaux ou d'alluvions résultant du glissement des glaciers, de l'action de la mer ou du débordement des fleuves.

La majeure partie des terres du Danemark appartiennent à cette dernière catégorie. Il nous semble cependant utile de nous arrêter aux formations plus anciennes, qu'on rencontre non-seulement en Danemark, mais dans les pays voisins, et que nous désignerons sous le nom de *Formations préglaciaires*.

1. — formations préglaciaires.

Tandis que les roches azoïques : le gneiss, le schiste micacé, le schiste amphibolique, le schiste quartzeux, le granite, la syénite, la gabronite et différentes espèces de porphyre, ainsi que les formations cambrienne et silurienne, règnent pour ainsi dire souverainement dans la presqu'île scandinave ; on rencontre au contraire dans la Scanie, partie méridionale de cette contrée, des formations mésozoïques : le lias, la craie blanche et les calcaires plus récents du terrain danien. Dans l'île de Bornholm, située au sud-est de la Scanie, on retrouve les mêmes terrains ; mais dans le reste du Danemark, on ne rencontre plus que la craie blanche, les calcaires du terrain danien, et les formations miocènes, dont les deux premières occupent une zone parallèle à la direction des terrains de la Scanie, du nord-ouest au sud-est.

Quant à la craie blanche et au calcaire du terrain danien, ils existent en Danemark sur une épaisseur de 1000 pieds au moins, et se trouvent répandus au nord du Jutland, depuis les bords du

Limfjord vers le sud-est jusqu'à Randers et Grenaa ; dans les îles on
les rencontre surtout dans la partie orientale de Séeland, à Moen,
Falster et Laaland. La craie blanche du Danemark est cette variété molle, mêlée au silex noir, qui est très-commune en France
et en Angleterre. Le terrain danien se compose de calcaire à co-
raux jaune blanc (calcaire de Faxe sans silex), de calcaire à
bryozaires (*Limsten*), et de calcaire dense de Saltholm mélangé à
du silex gris.

La formation miocène (lignite) consiste surtout en couches de
sable et d'argile fortement micacés dont l'épaisseur varie de 400
à 500 pieds, quelquefois davantage. Son élévation au-dessus de la
mer ne dépasse pas 200 pieds ; on rencontre rarement les terrains
miocène et crétacé à la surface même du sol, si ce n'est sur quelques écueils des côtes, au fond des baies et sur les bords de plusieurs ruisseaux. Ils n'ont aucune importance au point de vue
agricole, le sol arable se composant presque essentiellement de
terrains glaciaires.

2. — Formations glaciaires (*Diluvium*).

On peut diviser ces terrains en deux catégories : les terrains glaciaires non fossilifères, et les terrains glaciaires à fossiles.

A. *Terrains glaciaires non fossilifères.* — Les stries glaciaires impri-
mées sur les roches des parties de la presqu'île scandinave les plus voisines du Danemark se dirigent toutes vers cette contrée, en suivant,
dans la partie méridionale de la Norwége, la direction du sud-est ;
au sud de la Suède, celle du sud-ouest ; prenant ensuite, dans la Scanie
méridionale et à Bornholm, une direction occidentale. C'est grâce
à ces mouvements convergents qu'une portion si considérable des
matériaux amenés par les glaciers est venue s'accumuler sur le
Danemark, qui n'aurait probablement pas existé sans ces apports
des formations glaciaires.

Une des formations les plus importantes est l'argile caillouteuse glaciaire (*Rullestensler de Forshhammer*), espèce d'argile grise
ou brunâtre, mêlée d'une grande quantité de pierres écornées de
toutes dimensions, depuis celle d'un pois jusqu'à des blocs de plusieurs milliers de pieds cubes.

On a calculé que 60 p. 100 environ des pierres de moyenne taille se
composent de gneiss, de schiste amphibolique, de schiste quartzeux,
de grès cambrien, de calcaire silurien, prenant la forme de roc ferme
dans la presqu'île scandinave, tandis que le reste consiste surtout
en silex noir et gris mélangé aux variétés plus dures de pierres
que renferment les terrains crétacés du Danemark. L'argile elle-
même où toutes ces pierres se trouvent agglomérées, est le résultat
du mouvement des glaces qui a broyé ces diverses espèces de roches.
En somme, c'est une argile fortement mêlée de sable, puisqu'elle
se compose, terme moyen, de 50 à 60 p. 100 de sable quartzeux

et de gravier, et de 40 à 50 p. 100 d'argile. Cette dernière doit son origine, partie aux pierres un peu molles, schiste et calcaire plus ou moins ancien, partie au feldspath décomposé, au schiste amphibolique, à l'augite qui, avec le quartz, concourent à former les roches azoïques.

L'argile caillouteuse glaciaire, tant par les qualités physiques que par la composition chimique, peut être considérée comme de nature à constituer un sol éminemment fertile. Elle contient un mélange convenable de sable et d'argile, les instruments aratoires l'entament facilement ; les racines des végétaux pénètrent aisément jusqu'aux couches profondes ; le sol, suffisamment léger et où l'action de la capillarité n'est pas entravée, est facilement perméable à l'eau.

La grande fertilité de cette argile est due aux matières que renferme le sol : les alcalis, la chaux, la magnésie, le fer, le manganèse, l'acide phosphorique, l'acide sulfurique, l'acide silicique, qui s'y trouvent à l'éalt plus ou moins soluble, et aux réactions qui s'opèrent par suite de la décomposition continuelle des roches broyées et réduites en poudre qui forment une partie de cette argile.

Cette composition de l'argile a une grande importance au point de vue de l'avenir de l'agriculture du Danemark. Les cultivateurs ne peuvent pas disposer arbitrairement des éléments inorganiques nutritifs qu'elle renferme, dont l'abus épuiserait rapidement le sol. Mais, d'un autre côté, en raison même de sa composition, on l'emploie assez généralement aux marnages.

L'argile caillouteuse glaciaire n'est pas stratifiée ; les pierres et le sable y ont été mélangés très-irrégulièrement, ce qui prouve que la masse entière a été pétrie et broyée, comme on peut le voir dans les formations moraines de nos jours, avec lesquelles elle offre la plus frappante analogie ; comme celles-ci, elle est absolument dépourvue de fossiles.

De même que les glaces, dans l'intérieur de la Scandinavie, froissaient, brisaient et broyaient de grandes portions de rochers, de même, à mesure qu'elles s'avançaient sur le Danemark, s'opérait une destruction analogue sur les parties supérieures des terrains crétacé et miocène. Le calcaire et le silex, l'argile et le sable micacés se mêlaient aux masses provenant de la Scandinavie qui se répandaient sur tout le Danemark en forme de moraines, soit fondamentales, soit terminales. La direction que suivaient les glaces et la préexistence du terrain crétacé dans les parties Nord et Est du pays, font que l'argile glaciaire calcifère si fertile couvre surtout les portions les plus rapprochées de la Norvége, de la Suède, c'est-à-dire le Nord et l'Est du Jutland et toutes les îles Danoises, tandis qu'on ne la rencontre que sporadiquement dans la partie occidentale de la presqu'île, plus éloignée du grand mouvement des glaciers.

En traçant une ligne tangente au fond des baies qui, du Kattégat

et de la Baltique, pénètrent dans la presqu'île, on a assez exactement
la limite occidentale de l'argile glaciaire caillouteuse. A l'ouest de
cette ligne domine le sable glaciaire (*Rulleshenssand de Forshhammer*) qu'on trouve dans les terrains mammelonnés qui s'élèvent
jusqu'à 550 pieds au-dessus de la mer, formant une crête monta-
gneuse qui divise la presqu'île du sud au nord, et dans les plaines
couvertes de bruyères qui, de cette crête, s'inclinent vers la mer
du Nord.

On peut considérer le sable glaciaire comme de vastes moraines
terminales où l'action des eaux a enlevé la plus grande partie de l'argile. Ce terrain date de la même formation que l'argile à blocs erratiques, bien qu'on n'y rencontre que rarement de gros blocs de
pierre. Il est beaucoup moins fertile que ce dernier, et plus propre
à la sylviculture qu'au labourage, surtout dans la partie la plus
élevée de la presqu'île.

La limite indiquée entre le sable glaciaire et l'argile n'est pas
absolue ; il se rencontre quelques portions de sable ; à l'est de cette
ligne, comme des terrains argileux à l'ouest. L'irrégularité de la
distribution est due au mouvement des glaces qui tantôt avançaient, tantôt rétrogradaient. La différence de fécondité du sol entre
les deux parties est si tranchée, qu'elle justifie néanmoins l'établissement de cette ligne, bien qu'elle ne marque pas d'une façon absolument précise la transition entre l'argile et le sable.

Deux formations glaciaires secondaires méritent une mention
spéciale : l'argile stratifiée sans pierres, et le sable blanc quartzeux
(sable des landes). Toutes deux se rencontrent dans les parties oc-
cidentales du pays. L'argile stratifiée provient d'un lavage local qui
a précipité les parties les plus argileuses entre des couches irrégu-
lièrement disposées et des glaciers demeurés en arrière. Ces masses
d'argile se sont stratifiées dans les espaces libres. Les strates sont
plus ou moins sableuses, suivant le mouvement plus ou moins rapide des eaux ; on n'y trouve ordinairement pas de pierres. L'argile
caillouteuse à blocs erratiques d'où provient cette formation contient quelquefois des parties enlevées au terrain crétacé ; le lavage
a dans ce cas entraîné des particules de calcaire. Il en est résulté
en certains points une marne employée aujourd'hui à l'amélioration des terres dans les contrées sablonneuses du Jutland occidental, pauvres en éléments nutritifs. Ces couches d'argile renferment
également du mica dû aux couches détruites des terrains micacés
appartenant aux formations miocènes du Jutland.

Le sable des landes se compose de grains de quartz peu gros,
sans aucun mélange d'argile ni de pierres, avec un peu d'humus
résultant de la décomposition des bruyères, qui donne fréquemment à ce sable une couleur grisâtre. Quelquefois le sable est
rouge brun, il contient dans ce cas de l'oxyde de fer (1). Le sable

_____

(1) D'après les recherches de Forshhammer, ce sable des landes offre beau
up d'analogie avec les sables de Campine de Belgique et de Hollande.

des landes couvre de vastes plaines presque horizontales entourées de collines dont la surface consiste surtout en sable ferrugineux mêlé d'argile. Aussi peut-on remarquer que les collines sont plus fertiles que les plaines. Les sables de landes peuvent être considérés comme le dernier produit des glaciers descendus de la Scandinavie. La fonte des glaces a formé un courant d'eau assez puissant, même sur les plaines d'une faible inclinaison, pour entraîner l'argile et ne laisser précipiter que le sable. De toutes les formations glaciaires ci-dessus mentionnées, le sable de landes est le moins fécond, il ne se compose que de quartz en poudre tout à fait stérile sans aucune trace d'argile ni d'autres roches pulvérisées. En outre, sous le sable, on rencontre souvent une espèce de grès ferrugineux mélangé d'humus (*Ahl*), que les racines des végétaux ne sauraient percer.

Voici la série des couches que l'on rencontre dans les landes en partant de la surface :

Sable noirâtre très-mélangé d'humus ; sable grisâtre ; sable ou grès roux ; sable glaciaire ferrugineux.

Les trois premières couches, qu'on peut confondre ensemble sous le nom de sable de landes, ont une profondeur qui varie de 1 à 3 pieds. L'absence totale de fossiles dans ces formations glaciaires ne permet pas de déterminer d'une façon satisfaisante si elles se sont déposées au-dessus ou au-dessous du niveau de la mer. La première de ces conjectures est cependant la plus probable ; mais, s'il en est ainsi, il faut en rechercher la raison dans ce fait qu'elles ont pris naissance immédiatement après le glissement des glaciers et pour ainsi dire à leurs pieds, c'est-à-dire à une époque où il ne pouvait exister d'organismes dans leurs eaux froides.

B. *Terrains glaciaires à fossiles.* — On trouve, dans la partie septentrionale du Jutland, au nord du Limfjord, une formation glaciaire renfermant des fossiles marins. C'est une sorte de marne d'un gris bleu, quelquefois gris noirâtre, déposée par couches contenant des animaux des mers arctiques qui ne se rencontrent aujourd'hui qu'au Spitzberg et au Groënland ; on y remarque de nombreux spécimens de la *Yoldia arctica*. Ces animaux demeurent dans leur assiette primitive, ce qui prouve que le pays a dû éprouver un soulèvement qui doit dépasser 100 pieds. Que nous ayons affaire ici à un terrain thalassique, cela ressort non-seulement du genre d'animaux qu'il renferme, mais de ce fait que l'eau qui provient de cette argile glaciaire est encore salée en plusieurs endroits. Les matières organiques qu'elle contient en font une marne excellente.

3. — Formations postglaciaires (*Alluvium*).

Lorsque le Danemark fut complétement dégagé de la couche plus ou moins compacte qui le recouvrait, rien ne s'opposait plus à ce que le sol se couvrît peu à peu de végétation. Cette végétation, pendant la période des froids rigoureux, devait offrir l'aspect de celle de l'extrême nord ; ce n'est que par degrés et après un long espace de temps qu'elle a pu se rapprocher de la physionomie qu'elle présente aujourd'hui. Les terrains, lavés autrefois par la fonte des glaciers, étaient alors battus par les pluies qui entraînaient dans les vallées l'argile et les sables, et qui formèrent plus tard des marais tourbeux dans les fonds où les eaux n'avaient pas d'écoulement. M Steenstrup a découvert dans l'argile, au-dessous des tourbières, des feuilles de *Dryas octopetala*, de *Betula nana* et de plusieurs espèces de *Salix*, flore qu'il faut aller chercher maintenant dans les hautes régions des montagnes de la Norwége, dans le Finmark, l'Islande et le Groënland ; la végétation était alors absolument arctique. Puis, dans les marais tourbeux, s'est formée une couche qui garde dans son sein des restes de peupliers ; vient ensuite le pin ; on rencontre enfin dans les couches supérieures le chêne, preuves manifestes du passage graduel d'un climat rigoureux à un climat tempéré.

Pendant que s'établissaient ces sédiments qui doivent leur origine à l'eau douce, naissaient le long des côtes des terrains thalassiques renfermant des espèces organiques de l'époque actuelle : le *Cardium edule*, l'*Ostrea edulis*, la *Nassa reticulata* ; d'autres encore dont la présence est la preuve d'une modification de température dans les mers environnantes, analogue à celle qui s'est opérée dans les tourbières. Ces formations marines se rencontrent en quelques points au-dessus de la mer, notamment au nord-est du Danemark ; elles sont postérieures aux terrains glaciaires ; le soulèvement qu'elles ont subi est bien moins considérable. Au nombre des formations les plus récentes on peut compter les sables mouvants qu'on trouve le long de toute la côte occidentale de la presqu'île, et qui occupent une zone qui atteint en quelques endroits une lieue de large. Les coteaux des sables mouvants ont leur plus grande hauteur au sud de la côte occidentale jutlandaise. Ils s'élèvent parfois jusqu'à 100 pieds. Avant l'époque où l'on commença à contenir d'une manière systématique les sables mouvants, les vents d'ouest, très-fréquents et très-violents, déplaçaient sans cesse les dunes, les poussant de la côte vers l'intérieur du pays, au grand dommage de l'agriculture, à laquelle elles enlevaient des espaces assez considérables. Il y a au nord de Séeland et dans l'île Bornholm quelques terrains envahis par les sables mouvants.

Les soulèvements de terrains ont desséché naturellement quelques baies et des détroits dans la partie nord-est du pays et ont aussi augmenté l'étendue primitive du pays, mais d'un autre côté la mer ronge continuellement la côte occidentale. Les lames, frappant sur des couches d'argile et de sable peu affermies, désagrègent les côtes, et la mer avance chaque année de 10 à 20 pieds. Si le cap Hanstholm, qui est formé de calcaire assez dur appartenant au terrain crétacé, n'opposait pas une barrière aux envahissements de la mer, ses ravages deviendraient funestes.

La présence de couches aquifères dans un terrain est chose importante au point de vue agricole. S'il s'en trouve en Danemark sous la craie blanche, c'est ce qu'on n'a pu constater jusqu'à présent. On a bien tenté une expérience dans ce but près de la ville d'Aalborg, au nord du Jutland ; mais à une profondeur de 1272 pieds, on n'est pas parvenu à traverser la couche crétacée. Il est très-probable cependant qu'il existe sous la craie blanche du grès vert aquifère que, par suite de la disposition des couches, on ne voit au jour que dans l'île de Bornholm.

Parmi les différentes couches du terrain miocène, c'est surtout dans le sable micacé qu'on trouve de l'eau, mais les grains de sable sont fins et facilement entraînés dans les tuyaux d'élévation qu'ils obstruent ; en outre, cette eau est le plus souvent ferrugineuse et sulfurée.

Dans la partie orientale de Séeland, près de Copenhague notamment, on a percé des puits artésiens qui fournissent en abondance de bonne eau provenant d'une couche de graviers et de sables glaciaires qui reposent sur les calcaires du terrain danien (calcaire de Saltholm) et que recouvre une couche d'argile glaciaire pierreuse. De toutes les couches aquifères du Danemark, les plus riches en eau sont celles de sables intercalés dans l'argile glaciaire, surtout lorsqu'elles sont assez épaisses et qu'elles ont quelque étendue. On peut ordinairement les atteindre par le moyen de puits creusés à la bêche, et lorsqu'elles ne sont pas trop rapprochées de la surface, elles fournissent de très-bonne eau. Mais, pendant l'été, cette eau est moins fraîche que celle des puits artésiens, dont la température à peu près constante est de 8°,5.

FÉCONDITÉ DU SOL

La fertilité d'un pays doit naturellement être de la plus grande importance, surtout lorsque la principale ressource de la majorité de ses habitants, comme cela arrive pour le Danemark, consiste dans les produits de l'agriculture et l'élevage des bestiaux ; cette fertilité est déterminée par la richesse des matériaux végétatifs que renferme le sol, par le caractère du climat et de l'atmosphère et, enfin, par le degré de soin et d'intelligence qu'apporte le cultivateur au labourage et à l'exploitation de la terre.

Le sol du Danemark se prête partout à la culture ; ni rocs solides ni précipices de montagnes ne font obstacle au labourage, mais la qualité et la composition du sol sont très-différentes dans les diverses parties du pays. On en distingue deux catégories principales : les terrains argileux et les terrains sablonneux ; mais entre ces deux catégories il existe plusieurs nuances, ce qui rend souvent difficile de les distinguer d'une manière précise.

Les terrains argileux, formés ordinairement d'argile glaciaire enveloppant des blocs erratiques, se rencontrent ordinairement dans les îles et dans la moitié méridionale de la côte Est du Jutland. Aussi est-ce dans ces contrées que se trouvent les terres les plus fécondes, d'autant plus qu'elles sont situées sous un meilleur climat.

Dans ces contrées le printemps arrive de huit à vingt-cinq jours plus tôt que dans le reste du pays ; l'été y est plus doux et, par conséquent, plus favorable à la végétation ; les vents y sont moins violents, et, comme dans plusieurs endroits, on est richement pourvu de haies vives et de petits bois, ces conditions contribuent encore à en adoucir la température au bénéfice des champs de blé et du bétail. Le sol se laisse facilement travailler, et renferme en grande abondance les éléments nutritifs, grâce aux minéraux broyés venus des montagnes de la Scandinavie, qui se trouvent mêlés à l'argile ; ces minéraux se décomposent peu à peu par l'action de l'air et de l'humidité qui délite les particules de chaux que renferme l'argile : c'est pour ainsi dire une espèce de marnage naturel ; l'analyse chimique y décèle également une assez grande quantité de matières végétatives. Voici l'analyse d'un terrain que l'on peut regarder comme un échantillon moyen de ces sols argileux, d'ailleurs si différents. Dans 2,000 kilogrammes on trouve :

	Soluble.	Insoluble.
Acide phosphorique...............	1 kilogr.	8 kilogr.
Acide sulfurique..................	1 —	» —
Potasse.........................	2 —	20 —
Soude...........................	1 —	1 —
Chaux..........................	5 —	20 —
Magnésie........................	2 —	5 —

Si l'on ajoute que la plupart des terres sont très-perméables, qu'aucune portion de l'engrais qu'on y applique ne se perd, que par la suite des âges il s'est formé assez généralement à la partie supérieure une couche d'humus qui renferme dans son sein 14 p. 100 de matières organiques contenant de 0,1 à 0,4 p. 100 d'azote, on peut regarder ce sol comme bon, sain et apte à récompenser les efforts du cultivateur. Avant que le drainage commençât, il y a vingt ans, à s'introduire en Danemark, beaucoup de terres éprouvaient les effets nuisibles d'une excessive humidité et le produit était loin de donner la juste mesure de la fécondité du sol ; mais à partir de cette époque les rendements ont considérablement augmenté, et maintenant, avec les procédés ordinaires, on peut les estimer de 10 ou 14 p. 1 pour le froment et le seigle, de 12 à 18 pour l'orge et de 14 à 18 pour l'avoine ; le sol se prête en outre tout spécialement à la culture des plantes fourragères et rhizophiles. D'autres conditions contribuaient encore autrefois à enrayer les progrès agricoles. Dans les contrées à sol argileux il y a peu de prés naturels ; on ne nourrissait que de rares troupeaux, au moins jusqu'au commencement du siècle, où l'on introduisit dans l'assolement les trèfles et les prairies artificielles ; aussi la terre ne recevait presque pas de fumier qui pût la dédommager des pertes résultant de la culture forcée des céréales assez ordinaire alors ; le plus souvent fallait-il se contenter de 4 à 6 fois la semence pour tout produit. On voit que ce sol s'est montré reconnaissant des améliorations réalisées dans notre siècle, puisque le produit en a doublé et même triplé.

Parmi les terrains sablonneux, nous parlerons d'abord des sables glaciaires que l'on rencontre sur quelques points des îles, mais qui forment surtout les parties mamelonnées du milieu du Jutland, et occupent en outre la plus grande partie de la moitié septentrionale de la presqu'île. Ces sables sont pourtant tellement arides et forment un terrain si mouvementé, qu'il se prête plutôt à la culture forestière qu'au labourage ; aussi est-ce dans cette partie que se rencontrent les plus vastes forêts du Danemark.

Les sables glaciaires contiennent toutefois assez d'argile, de chaux et de minéraux broyés pour ne pas exclure absolument la culture des céréales. Cependant le climat des régions où ils se rencontrent est moins favorable que celui des terrains argileux, il est plus froid, les vents y sont plus violents et ne sont pas arrêtés par des haies vives ou des plantations ; aussi la race indigène de bétail y est-elle d'un tempérament plus robuste que dans le reste du pays. La couche de sable étant ordinairement fort épaisse, les drainages ne sont pas nécessaires ; et même, pendant les étés secs, ces terres ont beaucoup à souffrir du manque d'eau. Le produit en céréales, dans ces régions, peut s'estimer en moyenne de 4 à 8 fois la semence pour le seigle, de 6 à 10 fois pour l'orge et de 7 à 12 fois pour l'avoine. Ce qui aide beaucoup au développement de l'agriculture dans ces parties du pays, c'est l'étendue des prés naturels et des marais qui favorisent l'entretien du bétail sur une grande échelle ; et par suite la production abondante de fumier ; aussi la fécondité primitive de ces terrains a-t-elle été entretenue, lorsqu'au contraire les terrains argileux plus fertiles s'appauvrissaient par suite de la culture forcée des céréales. Il faut dire toutefois que les améliorations ont été plus rapides dans les contrées à argile où les progrès réalisés par l'introduction des plantes fourragères depuis le commencement du siècle sont très-sensibles.

Outre ces sables glaciaires, il existe, au milieu de la presqu'île et en partie dans le Jutland occidental, environ 100 lieues carrées de terrains sablonneux qui, pour la plupart, ne sont couverts jusqu'à présent que de landes incultes, bien que, depuis ces dernières années, on ait fait de grands efforts pour défricher et mettre en culture une grande partie de ces landes.

Les dunes le long de la côte occidentale du Jutland se prêtent mal à la culture, à cause du peu de consistance des sables mouvants ; mais depuis une vingtaine d'années on essaye avec assez de succès d'y planter des bois ; ces plantations se font sous le contrôle de l'État, propriétaire de ces terrains.

Les pays marécageux « *Marskdasnnelsen* » dans le sud-ouest du Jutland n'occupent qu'un espace de peu d'étendue, 10,000 hectares environ ; c'est un dépôt de mer très-fertile, mais le drainage offrant des difficultés, ces terres servent surtout de pâturages pour l'entretien des bestiaux. Au fond des lacs se trouve souvent un dépôt de limon dont, depuis vingt ans, des portions considérables ont été desséchées.

Ces desséchements ont fourni un sol très-fertile où les céréales produisent de 20 à 25 fois la semence ; la plus grande portion est cultivée en prés et sert de pâturages. Le Jutland renferme d'ailleurs un grand nombre de prairies naturelles, surtout le long des petites rivières. Elles se trouvent en grande partie sur des fonds tourbeux, le drainage y est difficile ; aussi sont-elles très-humides, et le produit est moindre qu'on ne pourrait le supposer ; c'est la portion du sol danois qui a le moins profité des progrès du siècle. Les terrains marécageux et tourbeux du Jutland sont de qualité très-variable ; mais il en est de la plupart de ceux-ci comme des prés, c'est-à-dire que le drainage en est défectueux, et que le plus souvent l'exploitation laisse à désirer; ordinairement ils produisent une grande quantité de paille, mais peu de grains, et de qualité médiocre.

Voici comment se répartissent les 4 millions d'hectares, environ, des terres du Danemark.

Champs en culture.......................	2,550,000	hectares.
Landes.................................	550,000	—
Dunes et sables mouvants...............	60,000	—
Pays marécageux........................	10,000	—
Prés naturels..........................	230,000	—
Terrains marécageux et tourbeux........	220,000	—
Bois...................................	170,000	—
Chemins et emplacements................	160,000	—
Surface de lacs........................	50,000	—

Comme depuis deux siècles c'est surtout la fertilité de la terre qui sert de base pour l'établissement des impôts perçus par l'État ou les communes, cette fertilité est devenue à plusieurs reprises l'objet d'un examen sérieux et d'une minutieuse estimation de la part du gouvernement; on est donc à même de se former une opinion assez exacte de la fécondité relative des différentes parties du pays. La dernière estimation a été faite de 1806 à 1822 par des experts envoyés à cet effet dans différentes contrées du pays, qui en arpentèrent les terres, les évaluant selon leur fertilité relative, et établissant une taxe sur chaque portion du terroir en particulier. Cette taxe s'exprime par des chiffres de 1 jusqu'à 24, de telle sorte que le chiffre 24 est appliqué aux terres réputées les meilleures au point de vue de leur qualité intrinsèque et de leur exposition. On détermina en outre qu'une surface de 1 hectare, par exemple chiffré 24, équivaudrait à la valeur de 2 hectares estimés 12, ou à celle de 3 hectares chiffrés 8, ou enfin, à celle de 4 hectares chiffrés 6, et ainsi de suite.

Il est résulté de cette taxation que les terres du Danemark équivalent à 1 million d'hectares environ, valeur 24.

Deux hectares 857, chiffrés 24, ou une surface de terre plus étendue, mais d'une estimation plus basse, et ayant en somme la même force productive, se nomment un « *Tœnde-Hartkorn* » (un tonneau de grain dur). Les terres du Danemark représentent ainsi en total 382,260 « *Tœnder-Hartkorn* ». Le « *TœndeHartkorn* » est ainsi l'unité à laquelle se réduit la valeur de toutes les propriétés territoriales en Danemark, et c'est la base sur laquelle on assoit l'impôt foncier

CLIMATOLOGIE

En 1861, la Société royale d'économie rurale du Danemark avait organisé un système d'observations climatologiques, qui fut transféré à l'Institut agronomique danois, fondé en 1872. En peu de temps ce service prit une extension considérable. A la fin de 1877, il comprenait 82 stations thermométriques et 137 stations où l'on observe la répartition des pluies, soit une station thermométrique par 8 milles carrés, et une station imbrométrique par 5 milles carrés. Le Danemark est actuellement un des pays où les conditions climatériques sont étudiées avec le plus de précision.

Cependant, comme la plupart des stations n'ont été installées que pendant les cinq dernières années, on ne pourrait tirer de leurs observations des résultats rigoureusement acceptables si les travaux entrepris par la Société d'économie rurale depuis dix-sept ans déjà ne venaient, par la multitude des observations, fournir de nombreux documents scientifiques que les recherches plus récentes de l'Institut ont consacrés depuis. On peut donc affirmer que les conditions climatériques des pays danois sont bien connues et que l'exposition que nous allons présenter se rapproche autant qu'il est possible de la vérité absolue.

Conditions thermales.

Le royaume de Danemark comprend : 1° une presqu'île longue de 35 milles environ, d'unelargeur de 20 milles au plus, entourée par la mer du Nord, le Skager-rak et le Kattégat ; 2° quelques grandes îles et une foule de petites, situées entre le Kattégat et la mer Baltique. Le pays étant presque entièrement entouré d'eau, le climat subit au plus haut degré l'influence océanique. Cette influence de la mer se fait sentir toutefois plus fortement le long des côtes qu'à l'intérieur ; aussi le climat du Danemark peut-il être divisé en climat marin et climat continental, présentant des différences appréciables surtout dans la péninsule, mais qu'on peut observer néanmoins dans les plus grandes îles.

Le climat des côtes du Danemark a une grande analogie avec

celui des autres pays de l'Europe. Les variations diurnes ou annuelles de température sont assez faibles. A l'intérieur, au contraire, il y a plus de rapport avec le climat continental des autres
contrées. Si l'on considère les variations diurnes, elles sont plus con-·
sidérables que celles des côtes ; quant à l'écart thermométrique
annuel, il ne présente pas les mêmes différences caractéristiques.
La température de l'intérieur est en tout temps, même en plein
été, plus basse que celle des côtes, en faisant la part, bien entendu, des altitudes ; on peut donc considérer la mer comme une
source de chaleur, et affirmer que le Danemark doit son climat
relativement doux aux eaux qui l'entourent.

Le tableau suivant peut donner une idée de la distribution de la
chaleur dans le pays pendant les différentes saisons.

1861-77.	TEMPÉRATURES MOYENNES. DEGRÉS RÉAUMUR.			
	HIVER.	PRINTEMPS.	ÉTÉ.	AUTOMNE.
Iles du Sud	$\frac{1}{2}$ à 1	6 à 6$\frac{1}{2}$	16 à 16$\frac{1}{2}$	9
Séeland..............	$-\frac{1}{2}$ à $+\frac{1}{2}$	5 à 6	15$\frac{1}{2}$ à 16	8 à 8$\frac{1}{2}$
Fionie..............	$\frac{1}{2}$ à 1	5 à 6	15 à 16	8 à 9
Jutland oriental......	$\frac{1}{2}$ à 1	5$\frac{1}{2}$ à 6	15 à 16	8 à 9
— occidental....	$\frac{1}{2}$ à 1	5$\frac{1}{2}$ à 6	14$\frac{1}{2}$ à 15$\frac{1}{2}$	8 à 8$\frac{1}{2}$
— central......	0 à $\frac{1}{2}$	5 à 5$\frac{1}{2}$	14$\frac{1}{2}$	7$\frac{1}{2}$ à 8
— septentrional.	0 à $\frac{1}{2}$	5	14$\frac{1}{2}$	7$\frac{1}{2}$ à 8

C'est donc dans les îles du Sud qu'on trouve la température la
plus élevée ; la plus basse au contraire se rencontre au centre et
au nord du Jutland. L'île de Séeland fait cependant exception à la
règle, c'est la région la plus froide du pays en hiver ; elle doit
vraisemblablement la rigueur de son climat au voisinage de la
Suède, très-refroidie pendant cette saison. On peut remarquer que
la différence n'est pas considérable entre la contrée la plus chaude,
et la région la plus froide du pays : elle n'est que de 2° en été ;
pendant les autres saisons, de 1°,5.

Lorsqu'on étudie la climatologie d'un pays, il est utile de se
rendre compte des variations de température qui se produisent
entre le jour et la nuit. Pour faire utilement les observations, il
convient d'employer des thermomètres à maxima et à minima. Bien
que ces instruments ne soient en usage dans les stations thermométriques du Danemark que depuis peu de temps, le tableau
suivant, qui comprend les années 1875 à 1877, nous paraît présenter
un certain intérêt.

fait sentir en août, une année en juin ; de même que les froids les plus rigoureux ont pu sévir en décembre ou janvier.

Le mois le plus froid de la période de 1861 à 1875 a été février 1870 avec une moyenne de — 4°,7 ; le mois le plus chaud de la même période, août 1868 avec une moyenne de + 19°, soit un écart de 23°, 50 entre la plus forte chaleur et le plus grand froid. Cette différence n'est ordinairement que de 17°. L'écart le plus faible n'est que de 11° entre le mois d'hiver le plus chaud, février 1869, et le mois d'été le plus froid, juillet 1862. La température la plus basse correspond, année moyenne, au milieu de février, et la plus chaude à la fin de juillet. Le thermomètre monte rapidement en avril et mai ; la baisse la plus accélérée a lieu du 15 septembre au 15 novembre.

Les jours de gelée, c'est-à-dire les périodes de vingt-quatre heures pendant lesquelles le thermomètre, à un moment quelconque, est descendu au-dessous de 0, sont de 100 environ dans le cours d'une année. Ils sont très-fréquents du milieu de février au milieu de mars ; les 3/4 de leur nombre total portent sur les mois de décembre à mars. En juin, juillet, août et la première moitié de septembre, le thermomètre ne s'abaisse pas à 0.

De 1861 à 1875 la plus basse température constatée est de — 25°, la plus haute + 32°,5 ; à l'intérieur du pays ces chiffres extrêmes ont dû être dépassés.

Par le tableau ci-dessous, on peut établir une comparaison entre le climat du Danemark et celui des pays qui l'environnent.

	TEMPÉRATURES MOYENNES.					
	EDIMBOURG.	COPENHAGUE.	RIGA.	LEIPZIG.	COPENHAGUE.	CHRISTIANIA.
Hiver.........	3°,6	0°,0	— 4°,6	— 0°,9	0°,0	— 4°,9
Printemps.....	7 ,3	5 ,6	4 ,1	7 ,3	5 ,6	4 ,5
Été..........	14 ,0	15 ,8	16 ,9	17 ,1	15 ,8	15 ,5
Automne......	8 ,9	8 ,2	6 ,9	8 ,1	8 ,2	5 ,9
Année	8 ,4	7 ,4	5 ,8	7 ,9	7 ,4	5 ,2

Dans la direction de l'ouest à l'est, le Danemark paraît être situé entre le climat maritime de l'Europe hivers : doux et étés à basse température, — et le climat continental de la Russie occidentale : hivers rigoureux et étés à fortes chaleurs. — En l'examinant dans la direction du nord au sud' le Danemark jouit, pendant la saison froide de l'année, d'un climat plus doux que ne semblerait l'indiquer la latitude sous laquelle il est situé.

2

1875 à 1877.	STATION DE L'INTÉRIEUR : HERNING.				STATION CÔTIÈRE : FANOE.			
	MOYENNES DES			Jours de gelée	MOYENNES DES			Jours de gelée
	Max.	Min.	Diff.		Max.	Min.	Diff.	
Hiver...................	1°,9	—2°,7	4°,6	68	2°,0	—1°,4	3°,4	55
Printemps...............	9 ,8	0 ,4	9 ,4	41	8 ,3	2 ,5	5 ,8	24
Été....................	21 ,7	8 ,6	13 ,1	0	19 ,6	12 ,3	7 ,3	0
Automne...............	10 ,7	3 ,0	7 ,7	24	10 ,7	5 ,7	5 ,0	11
Année.................	11 ,0	2 ,3	8 ,7	133	10 ,2	4 ,8	5 ,4	90

C'est surtout pendant la saison chaude, d'avril à septembre, que la différence entre les températures moyennes des stations intérieures et des stations côtières devient plus considérable : elle est alors de 4 à 6°; non-seulement le nombre des jours de gelée est plus grand à l'intérieur que sur les côtes, mais les gelées sont plus précoces en automne et persistent plus tard au printemps.

Voici, d'un autre côté, les résultats d'observations faites pendant quinze ans à l'École normale d'agriculture de Copenhague.

Copenhague (ÉCOLE NORMALE D'AGRICULTURE).
55°,41' Lat. N.   10°,13' E. d. Paris.   Altitude 13ᵐ.

1861-75.	TEMPÉRATURE DE L'AIR (centigrade).								
	MOYENNES corrigées.	LIMITES DES MOYENNES.		MOYENNES DES			EXTRÊMES ABSOLUES.		
		Max.	Min.	Max.	Min.	Diff.	Max.	Min.	Diff.
Janvier.........	— 0,12	3,4	— 3,9	1,7	— 2,1	3,8	9,5	—18,6	28,1
Février........	— 0,36	3,0	— 4,7	1,9	— 2,7	4,5	10,0	—25,0	35,0
Mars..........	1,07	2,9	— 1,6	4,1	— 1,5	5,6	15,2	—14,2	29,4
Avril..........	5,68	7,7	4,0	10,0	1,6	8,4	21,8	— 6,8	28,6
Mai...........	10,08	13,1	7,0	15,2	4,6	10,9	29,2	— 3,6	32,8
Juin	14,79	16,9	12,7	20,2	9,3	10,6	32,5	— 0,4	32,9
Juillet	16,61	18,7	14,2	22,0	11,3	10,7	29,7	3,9	25,8
Août..........	15,94	19,0	12,8	20,9	11,0	9,9	29,8	2,8	27,0
Septembre	12,85	14,4	11,4	17,1	8,6	8,5	28,0	— 3,2	31,2
Octobre.......	8,22	10,6	6,5	11,4	5,1	6,3	20,3	— 3,9	24,2
Novembre.....	3,41	6,4	1,3	5,5	1,2	4,3	13,0	— 9,4	22,4
Décembre.....	0,57	3,6	— 4,1	2,5	— 1,6	4,1	9,6	—18,3	27,9
Année........	7,40	8,7	6,0	11,0	3,7	7,3	32,5	—25,0	57,5

On voit que le mois le plus froid est février, et le plus chaud juillet, bien qu'en certaines années les plus fortes chaleurs se soient

Répartition des vents.

Soixante-dix années d'observations sur la direction du vent à Copenhague ont donné les résultats suivants :

1798-1868.	FRÉQUENCE RELATIVE DES VENTS (%).								
	N.	NE.	E.	SE.	S.	SO.	O.	NO.	Calmes.
Hiver............	6	8	11	13	14	22	15	10	1
Printemps........	8	9	13	15	12	15	13	13	2
Été.............	7	5	7	11	12	18	20	18	2
Automne.........	5	7	10	15	14	21	15	11	2
Année...........	7	7	10	13	13	19	16	13	2

Il ressort de ce tableau que pendant l'hiver le vent dominant vient du sud-ouest; pendant l'été c'est de l'ouest qu'il souffle. Le printemps débute par une rose des vents mal définie; les vents d'est sont presque aussi fréquents que ceux de l'ouest, surtout en avril et mai.

Degré d'humidité et quantité de nuages.

D'après la situation géographique du Danemark, il est facile de se rendre compte de l'importance de l'humidité de l'air et de la quantité des nuages au point de vue des effets climatériques.

1874-77.	LES COTES.		L'INTÉRIEUR.	
	DEGRÉ d'humidité.	QUANTITÉ de nuages (0—10).	DEGRÉ d'humidité.	QUANTITÉ de nuages (0—10).
Hiver.....................	90 %	7,6	90 %	7,2
Printemps..........	80	5,6	78	5,1
Été	77	5,7	75	5,1
Automne	87	7,8	86	7,5
Année.....................	84	6,7	82	6,2

C'est d'ailleurs ce qui ressort du tableau ci-dessus, bien que les observations qui s'y trouvent consignées ne remontent qu'à trois ou quatre ans et qu'elles soient peut-être susceptibles de légères modifications.

C'est en mai et en juin, à l'intérieur du pays surtout, que l'air est à son minimum d'humidité (70 p. 100), et que le coefficient des nuages est le plus bas (4,5 à 5); pendant le reste de l'année, le temps est en général assez humide et nuageux; il y a, sous ce rapport, peu de différence entre les côtes et l'intérieur.

Répartition de la pluie.

En Danemark, comme dans toute l'Europe nord-occidentale, ce sont les vents chauds et humides du sud et de l'ouest qui amènent les pluies. Comme ces vents se dessèchent de plus en plus en avançant sur les terres, la quantité d'eau tombée doit décroître de l'ouest à l'est. Cette assertion trouve sa preuve dans le tableau suivant où la couche d'eau est indiquée en centimètres sur quatre zones du pays, venant à la suite l'une de l'autre, de l'ouest à l'est.

1861-77.	EAU TOMBÉE (centimètres).			
	JUTLAND occidental.	JUTLAND oriental.	FIONIE et îles environnantes.	SÉELAND et îles environnantes.
Hiver.......................	14½	13½	13	12
Printemps...................	11	11	11	11
Été.........................	17½	18½	16½	18
Automne....................	23	21	18½	17¼
Année.......................	66½	64	59	58¼

La quantité annuelle d'eau tombée descend, comme on peut le voir, de 0^m,66 dans la partie occidentale à 0^m,585 dans la région de l'Est; elle est donc de 14 p. 100 plus considérable sur les bords de la mer du Nord qu'au Sund. Cette répartition de la pluie est encore plus nettement accusée pendant l'hiver et l'automne, où les vents du sud et de l'ouest soufflent avec le plus de force et de persistance. Au printemps, la direction des vents est très-variable; aussi la répartition des pluies est-elle à peu près uniforme sur la surface du pays; il en est de même en été, bien que le vent dominant soit celui de l'ouest, probablement à cause du peu de différence de température entre les terres et la mer; la quantité des pluies est d'ailleurs modifiée par des causes locales et surtout par les orages.

Le tableau ci-dessous donne une idée de la manière dont se répartissent les pluies pendant le cours de l'année ; les observations ont été faites de 1861 à 1875.

1861-75.	EAU TOMBÉE EN DANEMARK (millimètres).												
	STATION ORIENTALE : COPENHAGUE.						STATION OCCIDENTALE : FARNO.					
	Hauteur moyenne.	Limites des hauteurs.		Nombre de jours pluvieux.	Eau tombée en 24 heures.		Hauteur moyenne.	Limites des hauteurs.		Nombre de jours pluvieux.	Eau tombée en 24 heures.	
		Max.	Min.		Moy.	Max. abs.		Max.	Min.		Moy.	Max. abs.
Janvier ...	35,1	65,5	8,4	14,0	2,5	14,0	54,5	90,3	15,0	14,9	3,7	23,3
Février ...	29,7	92,8	1,6	9,9	3,0	14,0	34,4	87,7	1,8	10,8	3,2	26,3
Mars.....	32,2	62,0	8,9	11,3	2,8	31,2	31,0	71,4	5,1	11,3	2,7	15,0
Avril.....	30,7	73,6	7,0	9,9	3,1	19,6	30,3	97,2	2,4	9,5	3,2	18,1
Mai.....	38,5	91,2	7,3	11,5	8,3	33,1	36,4	65,5	13,6	10,4	3,5	24,6
Juin.....	54,2	119,2	2,6	11,5	4,7	38,1	50,2	106,2	14,8	10,2	4,9	26,6
Juillet....	64,0	125,3	8,0	12,7	5,0	36,0	56,3	102,0	22,0	11,3	5,0	29,3
Août.....	59,2	152,3	17,7	14,5	4,1	41,0	61,8	98,9	24,1	13,5	4,6	26,3
Septembre	67,7	89,5	30,7	15,6	4,4	49,8	96,8	176,6	16,9	15,9	6,1	35,1
Octobre..	54,6	99,3	5,7	14,7	3,7	39,4	89,3	183,8	6,2	15,1	5,9	63,7
Novembre.	50,1	84,0	23,0	15,7	3,2	22,7	70,8	131,5	28,9	15,6	4,6	29,2
Décembre.	41,3	99,6	4,2	13,1	3,2	18,8	49,2	117,7	16,2	13,7	3,6	22,9
Année....	557,3	727,0	354,2	154,5	3,6	49,8	661,0	996,2	419,3	152,2	4,3	63,7

On voit que certaines années sont très-pluvieuses par rapport aux autres et que certains mois d'été et d'automne sont même presque secs. Février, mars et avril constituent la période de sécheresse de l'année ; la saison des pluies correspond dans l'Ouest aux mois de septembre et octobre ; dans l'Est, au mois d'août et septembre ; à Copenhague, cette saison dure de juillet à septembre.

La plus forte pluie a donné 64 millimètres dans la région Ouest et 50 millimètres à une station de l'Est. Un tiers des jours de pluie donne moins de 1 millimètre d'eau ; la moitié, moins de 2 millimètres ; il n'y a en moyenne que onze jours par an où il tombe plus de 10 millimètres d'eau, sur lesquels huit ou neuf en été et en automne, deux ou trois seulement en hiver et au printemps.

État du ciel.

Il ne nous reste plus à mentionner que l'apparition des phénomènes, tels que la neige, la grêle, le brouillard et les orages, qui se produisent pendant le cours de l'année. Le nombre de jours où ces phénomènes ont été observés dans les quatre plus anciennes stations du pays se trouve consigné ci-après.

1861-75.	NOMBRE DE JOURS DE :				
	Pluie, neige, grêle, etc.	Neige.	Grêle.	Brouillard	Orage.
Janvier........................	14,4	4,2	0,2	7,2	0,1
Février.......................	11,4	3,5	0,3	5,0	0,1
Mars..........................	11,8	4,4	0,3	4,7	»
Avril	10,2	0,7	0,6	3,0	0,3
Mai...........................	11,0	0,5	0,6	1,1	0,6
Juin..........................	11,0	»	0,2	0,8	1,8
Juillet.......................	12,2	»	0,1	0,9	2,5
Août..	14,0	»	0,2	0,9	1,9
Septembre....................	15,6	»	0,3	2,5	1,7
Octobre.......................	15,2	0,1	0,5	3,6	0,5
Novembre.....................	16,2	1,7	0,2	4,2	0,1
Décembre.....................	13,6	3,5	0,2	6,0	0,1
Hiver.........................	39,4	11,2	0,7	18,2	0,3
Printemps	33,0	5,6	1,5	8,8	0,9
Été...........................	37,2	»	0,5	2,6	6,2
Automne......................	47,0	1,8	1,0	10,3	2,3
Année........................	156,6	18,	3,7	39,9	9,7

On peut remarquer que pendant les quatre mois de décembre à mars, sur trois jours de pluie, il y a en moyenne un jour où il tombe de la neige; en avril et en mai, ainsi qu'en octobre et novembre, la neige est assez rare; il n'en tombe jamais de juin à septembre. Avant que les rigueurs de l'hiver se fassent sentir, il s'établit ordinairement des luttes violentes entre les courants d'air venant des deux directions opposées de l'ouest et de l'est; la terre alors se couvre d'une couche de neige qui protége le sol et les plantations contre les gelées.

Les orages à grêle sont peu fréquents, les grêlons sont rarement de taille à causer des dégâts sérieux; alors même les désastres n'ont lieu que sur un rayon fort restreint. Ils apparaissent à deux époques bien distinctes : la première à la fin du printemps (avril et mai), la seconde en octobre; en été et en hiver la grêle et très-rare.

Les brouillards sont assez localisés; les jours brumeux sont beaucoup plus fréquents sur les côtes que dans l'intérieur du pays. On en signale peu dans la saison chaude, ils se produisent souvent en automne et en hiver.

La foudre est très-rare en Danemark de novembre à mars ; c'est en juillet et août qu'elle est le plus fréquente.

Bibliographie.

On trouve des renseignements très-détaillés sur la climatologie du Danemark dans les ouvrages suivants :

Comptes rendus annuels du comité météorologique de la Société royale d'économie rurale de 1861 à 1872.

Rapports du même comité pour les deux périodes quinquennales 1861-65, 1866-70.

Annuaire météorologique publié par l'Institut météorologique danois de 1873 à 1877.

BIENS-FONDS
LEUR ÉTENDUE, LEUR DISTRIBUTION,
LEUR MODE D'EXPLOITATION, LEUR VALEUR.

D'après le dernier recensement fait en Danemark, la population du royaume s'élève à 1,785,000 habitants, dont 418,000 dans les villes et 1,367,000 dans les campagnes. Le rapport de la population rurale à la population urbaine est plus fort en Danemark non-seulement que dans les contrées industrielles, comme l'Angleterre, mais que dans des pays où l'agriculture est très-développée, comme la France et l'Allemagne ; il est, par contre, plus faible que dans des contrées très-étendues et peu peuplées, telles que la Suède, la Norwége et la Russie. Une très-petite portion de la population rurale se livre aux occupations industrielles, à la culture forestière, à la pêche, à la navigation. On peut donc dire que le Danemark est un pays essentiellement agricole.

Le caractère particulier de la situatoin agricole du Danemark, c'est l'extrême morcellement du territoire et l'organisation démocratique de la propriété, due en partie aux efforts du gouvernement pendant les cent dernières années.

Le sol cultivé a, en Danemark, une étendue de 2,868,475 hectares répartis en 170,000 exploitations, ce qui donne 16 hectares 80 environ comme moyenne. Avant de donner le tableau de répartition de la propriété territoriale, il est nécessaire d'indiquer comment se mesurent et s'estiment les terres.

L'impôt foncier ne s'applique en Danemark ni comme en France ni comme dans les autres pays. Toutes les terres ont été arpentées et cadastrées en vingt-quatre classes suivant le degré de fécondité, le chiffre 0 s'appliquant aux sols complétement improductifs, le chiffre 24 représentant le plus haut degré de fertilité. Les terres ont été ensuite divisées en surfaces équivalentes, ramenées au degré de fertilité 24. C'est cette surface, à laquelle a été donné le nom de Tœnde-Hartkorn (tonneau de grain dur), qui sert de base à l'établissement de l'impôt.

On conçoit que si le tonneau de Hartkorn représente partout la même puissance de fertilité, son étendue varie suivant la nature du terrain. Elle est pour les terres de première qualité de 2 hectares 83 ares 69 centiares, 151 (1), ou 5,71 Tönder Land danois. Il résulte de là que, quand on connaît la surface absolue d'un domaine et son évaluation sur le cadastre en tonneaux H. K., sa qualité et sa valeur commerciale se trouvent parfaitement déterminées ; aussi dans les annonces de vente, ces deux qualités sont-elles toujours mentionnées (2).

Le tonneau de Hartkorn se paie actuellement de 7 à 8,000 Kroner, le Krone valant 1 fr. 39 depuis la convention monétaire de 1872.

Les exploitations rurales se divisaient en 1873, d'après leur étendue, de la manière suivante :

		Nombres.	Étendue en t. H. K.
Grandes propriétés : de 12 t. H. K. et au-dessus............		1,917	52,773
Moyennes propriétés appartenant par la plupart à des paysans proprement dits......................	de 8 à 12 tr. H. K	3,875	35,901
	de 4 à 8 —	25,375	144,588
	de 2 à 4 —	22,355	64,838
	de 1 à 2 —	19,294	27,931
Petites propriétés..................	de 1/4 à 1 —	33,000	17,370
	au-dessus de 1/4	50,587	2,850

Ces chiffres ne comprennent pas l'île de Bornholm qui, en 1873, avait 6,000 tonneaux de Hartkorn en culture.

Les étrangers saisiraient peut-être plus facilement la division des exploitations rurales d'après le nombre de bêtes à cornes entretenues, d'autant plus que le gros bétail est de beaucoup le plus répandu en Danemark et que les cultures industrielles y jouent un rôle fort peu important.

Il y avait en 1876 plus de 782,000 bêtes à cornes distribuées sur 168,000 exploitations.

Exploitations.	Nombre de bestiaux.		Total.	Quotité %.
79	200 et au-dessus.		18,970	1,4
481	100 à 199	—	65,874	5,0
1,074	50 à 99	—	71,884	5,4
2,822	30 à 49	—	102,339	7,8
21,274	15 à 29	—	412,339	31,2
20,957	10 à 14	—	249,480	18,9
22,217	6 à 9	—	162,335	12,3
20,936	4 à 5	—	92,878	7,0
17,965	3	—	53,895	4,1
30,844	2	—	61,688	4,7
29,347	1	—	29,847	2,2
167,996			1,320,329	

(1) E. Tisserand, *Études sur le Danemark*, p. 34.
(2) Le même.

Mode d'exploitation des propriétés.

La plupart des propriétés rurales du Danemark appartiennent à ceux qui les cultivent ; une partie est exploitée par des *Fœstere*, un très-petit nombre par des fermiers proprement dits.

Le *Fœster* a un droit d'usage plus étendu que le fermier ordinaire ; il tient ce droit d'un bail dit *Livsfœste* datant des temps anciens et conclu pour la durée de la vie du *Fœster* et de sa femme. En 1873, 43,600 des exploitations supérieures à un tonneau de Hartkorn étaient cultivées par des *Livsfœstere ;* 287,000 par les propriétaires soit directement, soit par les soins d'un régisseur ou d'un maître-valet ; très-peu l'étaient par des fermiers. Parmi les exploitations contenant moins d'un tonneau de Hartkorn, on en comptait 106,000 cultivées par les propriétaires eux-mêmes ; 24,700 étaient dirigées par des fermiers ayant des baux d'une durée variable. On voit que la terre est en grande partie aux mains des petits propriétaires, et que le morcellement des parcelles s'accentue de plus en plus.

Le tableau suivant donne une idée de la division de la propriété et du mode d'exploitation :

BAILLAGES.	PROPRIÉTÉ de 1 t. H. K. et au-dessus.				PROPRIÉTÉ de moins de 1 t. H. K.			
	Propriétaires.	Tonneaux de Hartkorn.	Fœstere.	Tonneaux de Hartkorn.	Propriétaires.	Tonneaux de Hartkorn.	Fermiers Locataires.	Tonneaux de Hartkorn.
Copenhague	2,889	16,685	440	2,546	7,626	1,219	1,297	323
Frédériksborg	2,748	13,634	68	397	6,596	1,834	486	96
Holbœk	3,186	17,638	901	4,179	4,413	1.313	3,327	999
Sorö	2,582	15,798	1,000	5,265	2,905	1,002	2,816	968
Prœstö	3,078	19,542	1,152	5,856	3,413	988	4,703	1,236
Maribo	3,755	23,328	603	3,608	6,757	1,847	2,328	734
Odense	4,509	22,835	921	4,914	8,313	2,363	1,788	583
Svendborg	2,899	14,903	1,925	9.370	7,220	1,919	3,686	1,209
Les îles, moins Bornholm	23,646	143,663	7,010	36,135	47.143	12,485	20,431	6,098
Hjörring	4,107	12.828	153	498	6,712	2,322	531	141
Thisted	3,189	10,990	81	354	5,941	2,007	147	50
Aalborg	3,674	14,230	549	2,148	4,281	1,350	1,113	345
Viborg	4,760	16,087	132	593	6,896	2,230	251	77
Randers	4,511	20,375	415	1,803	6,855	1,649	1,011	282
Aarhus	5,048	19,875	236	1,068	9,464	2,570	693	161
Vejle	4,520	18,213	121	546	8,507	2,698	336	110
Ringkjöbing	4,793	15,096	91	357	5,954	2,364	115	45
Ribe	3,736	11,061	43	111	5,024	1,807	58	19
Jutland	38,338	138,755	1,821	7,478	59,334	18,997	4,254	1,230
Total, moins Bornholm.	63,984	284,418	8,831	43,613	106,477	31,482	24,685	7,328
Bornholm	1,340	5,232	»	»	1,474	358	2	1

Le tonneau de Hartkorn valait :

De 1815 à 1849, 2,268 kroner	3,146 fr. 50
De 1860 à 1869, 4,578 —	6,363 40
De 1873 à 1877, 7,500 —	10,425 »

Son prix est donc trois fois plus élevé aujourd'hui qu'il y a trente ans. Cet accroissement de valeur du sol est dû en grande partie à l'importation des métaux précieux et à la dépréciation monétaire qui en a été la conséquence. — L'augmentation de la valeur territoriale a été de 30 p. 100 de 1850 à 1860 ; de 1860 à 1870, les prix restèrent presque stationnaires ; mais de 1870 à 1875, une nouvelle baisse des métaux précieux amena une augmentation proportionnelle de la valeur du sol qu'on peut estimer à 20 p. 100. Ces conditions économiques ne suffisent pas toutefois à expliquer l'énorme accroissement de la valeur nominale des propriétés ; il faut en rechercher la cause dans l'augmentation de la force productive du sol, l'amélioration des produits et les débouchés qui leur ont été ouverts.

L'abrogation en Angleterre, en 1849, des lois prohibitives à l'entrée des céréales, a exercé une heureuse influence sur l'agriculture du Danemark et sur son industrie, en offrant un vaste débouché aux céréales dont les transports ont eu pour conséquence le développement de la navigation à vapeur.

L'agriculture danoise s'est également appliquée à l'engraissement des bestiaux, à la production du lait et du beurre, deux nouvelles sources de produits pour lesquels l'Angleterre est son meilleur marché. Le gouvernement a favorisé ces exportations par un sage contrôle, par l'établissement d'un port sur la côte ouest du Jutland et par le développement des voies ferrées.

La qualité des produits agricoles s'est beaucoup améliorée.

Il y a trente à quarante ans, ils étaient rangés au nombre des plus mauvais de l'Europe ; ils peuvent aujourd'hui soutenir la comparaison avec les produits des autres contrées, et atteignent sur les marchés étrangers les prix les plus élevés.

POPULATION OUVRIÈRE

SALAIRES,, MODES DE PAIEMENT

Les ouvriers agricoles, en Danemark, se divisent en trois catégories :

1° Ceux qui travaillent pour leur compte, ordinairement comme cultivateurs, mais qui travaillent également pour le compte d'autrui;

2° Ceux qui travaillent pour autrui ;

3° Les domestiques à gages.

Le nombre des petits cultivateurs qui demandent au travail hors de chez eux une augmentation de ressources est assez considérable. Il est impossible à ceux qui possèdent moins de 2 Skpr de Hartkorn de vivre avec le produit de leur terre. Les uns se mettent au service de l'industrie, la plupart travaillent dans les fermes. En 1872 on comptait 46,000 ouvriers ruraux, dont 1,000 environ se livraient à l'industrie et au commerce ; le reste travaillait dans les fermes. Les trois quarts environ sont propriétaires de leur maisonnette et d'un lopin de terre, les autres louent les habitations qu'ils occupent.

Les propriétaires et les locataires sont ainsi répartis dans les différents baillages :

Le nombre des ouvriers agricoles qui ne possèdent pas de terre et vivent exclusivement de leur travail était en 1872 de 42,000. Sur ce nombre, 13,000 environ sont propriétaires de leur maison ; 8,000 louent une maisonnette entière, enfin 20,000 environ, ceux qui ont le moins de ressources, sous-louent, dans ces maisons, de très-petites chambres.

Le nombre total des ouvriers agricoles peut être évalué à 80,000, sans les femmes et les enfants. Ce chiffre indique donc ne nombre des familles; chaque famille comprend en moyenne 4 personnes, ce qui donne pour cette classe de la société une population de 300,000 individus, un peu plus du septième de la population totale du royaume.

La domesticité comprenait, en 1872, 162,000 individus, dont 90,000 hommes et 72,000 femmes. Si l'on veut comprendre ces individus parmi les ouvriers agricoles, cette population atteindrait alors le chiffre de 460,000 personnes, ou à peu près le quart de la population totale. Le nombre de ceux qui s'occupent d'agriculture est cependant plus élevé encore ; les patrons et leurs familles travaillent en effet eux-mêmes ; presque toujours les fils et les filles adultes travaillent dans la maison paternelle.

BAILLAGES.	Paysans propriétaires de moins de 2 skpr de Hartkorn.	Dont : Employés au commerce et à l'industrie.	Paysans locataires de moins de 2 skpr de Hartkorn.	Dont : Employés au commerce et à l'industrie.
Copenhague........................	1,768	535	524	111
Frédériksborg.....................	1,643	379	412	81
Holbœk............................	1,449	418	1,136	236
Sorö..............................	641	161	953	157
Prœstö............................	1,105	280	1,734	370
Bornholm..........................	526	56	669	101
Maribo............................	1,510	424	829	119
Odense............................	2,586	852	538	156
Svendborg.........................	1,810	558	567	133
Hjörring..........................	2,705	294	1,260	111
Thisted...........................	1,804	301	335	41
Aalborg...........................	1,645	262	960	129
Viborg............................	2,183	395	598	97
Randers...........................	2,132	575	341	73
Vejle.............................	3,940	935	418	82
Ringkjöbing.......................	2,707	656	705	125
Ribe..............................	1,129	612	644	117
Séeland...........................	6,606	1,773	4,859	955
Fionie............................	4,396	1,410	1,105	289
Les Iles..........................	13,038	3,663	7,462	1,464
Jutland...........................	19,586	4,037	6,149	898
Total général.....................	326,24	7,700	13,611	2,632

Le salaire des ouvriers agricoles en Danemark est très-modique ; de plus, comme partout, il est plus faible que celui des ouvriers qui travaillent dans les villes. Le travail est payé soit à la journée (*Daylön*), soit à forfait (*Akkord*) ; sur une seule propriété, Drapholm, appartenant au baron de Zytpher-Adeler, les ouvriers sont intéressés aux bénéfices.

Le mode de salaire le plus généralement employé est le paiement à la journée, avec ou sans nourriture. En 1872, le salaire moyen était :

	ÉTÉ.			
	Sans nourriture.		Nourris.	
Hommes........	1 krone 42	1 fr. 97	0,80	1 fr. 11
Femmes........	0	85	1	18	0,52	0	72

	HIVER.			
Hommes........	1	05	1	46	0,42	0	72
Femmes........	0	60	0	83	0,36	0	50

Le travail à forfait n'est ordinairement usité que sur les grandes propriétés. Son usage est très-répandu dans les parties sud et ouest de Séeland, sur les îles Laaland et Falster, dans la partie méridionale de la Fionie et dans le baillage de Randers en Jutland. C'est surtout pour les travaux de la moisson, pour les battages, le drainage, le marnage, l'exploitation des tourbières, que se font les traités à forfait ; les femmes entreprennent à tâche les sarclages de navets, pommes de terre, etc. Les ouvriers qui travaillent à forfait gagnent ordinairement beaucoup plus que ceux qui sont employés à la journée.

BAILLAGES.	ÉTÉ.					HIVER.			
	Au-dessus de 18 ans.		Au-dessous de 18 ans.			Au-dessus de 18 ans.		Au-dessous de 18 ans.	
	HOMMES.	FEMMES.	GARÇONS.	FILLES.	ENFANTS.	HOMMES.	FEMMES.	GARÇONS.	FILLES.
	kr.	kr.	kr.	kr.	kr.	kr.	kr.	kr.	kr.
Copenhague........	80,80	43,00	40,80	27,40	20,40	52,00	36,80	28,00	22,20
Frédériksberg......	73,00	39,00	38,40	25,80	21,20	52,80	34,20	28,00	40,40
Holbœk...........	69,40	35,20	37,40	24,00	20,80	54,80	30,20	29,00	19,60
Sorö........... .	67,80	35,80	34,80	23,40	16,40	51,00	30,80	27,60	18,80
Prœstö............	69,60	36,00	35,80	24,20	20,40	51,40	30,80	28,00	19,40
Bornholm..........	74,00	31,80	38,40	23,20	22,20	52,10	24,00	22,40	16,00
Maribo..........	70,80	31,40	34,40	19,80	»	61,80	29,80	31,00	18,20
Odense...........	73,20	40,20	34,20	23,00	11,00	68,70	37,60	31,60	21,00
Svendborg........	71,80	37,80	36,80	24,20	13,00	70,40	35,20	33,40	19,40
Hjörring..........	70,40	40,00	30,40	22,40	12,40	32,60	20,20	14,80	11,20
Thisted...........	70,20	36,00	37,80	18,80	13,00	45,40	24,40	17,00	12,60
Aalborg..........	79,40	44,40	34,60	21,80	15,60	39,20	24,60	18,00	13,80
Viborg...........	77,80	42,60	33,80	23,20	12,80	37,60	22,80	17,40	12,80
Randers..........	73,40	44,80	34,60	25,60	16,80	42,20	28,40	19,00	15,80
Aarhus...........	77,40	44,40	37,20	25,80	18,00	42,40	26,80	20,60	15,40
Vejle............	79,80	47,60	39,00	27,60	16,00	47,40	25,80	25,40	16,00
Ringkjöbing.......	98,80	50,80	42,00	27,60	14,60	34,40	19,40	15,80	11,00
Ribe..............	103,60	58,00	45,00	32,60	19,60	46,20	27,00	19,20	15,00
Moyenne en Séeland..	72,20	37,60	37,40	25,00	20,40	52,40	32,60	28,20	20,00
— en Fionie...	77,40	39,00	35,60	22,00	12,00	69,40	36,40	32,60	20,60
— sur les Iles..	73,00	36,60	36,80	23,60	16,40	57,20	32,20	28,80	19,60
— en Jutland..	81,20	45,40	36,00	25,40	15,40	40,80	24,40	19,60	13,60
Moyenne générale....	77	41	37	24,60	16,80	49	28,40	21,20	16.60

En 1872, un homme gagnait en moyenne l'été 1 krone 80 par jour (2^{fr},50), l'hiver 1 krone 32 (1^{fr},84) ; une femme 1 krone 33

(1ʳ,57) l'été; pendant l'hiver, les femmes travaillent rarement à forfait.

Le salaire moyen des domestiques est indiqué au tableau ci-dessus pour 1872 :

Les salaires des ouvriers agricoles se sont considérablement augmentés depuis 1870 et 1871; l'accroissement peut être évalué en 1875 à 30 p. 100, mais il s'est produit une baisse assez sensible pendant les deux dernières années; le tableau suivant, qui a été établi en 1872, peut donc donner une idée assez exacte du prix de la journée.

	ÉTÉ.						HIVER.					
BAILLAGES.	Travail à journées avec nourriture.		Travail à journées sans nourriture.		Travail à forfait.		Travail à journées avec nourriture.		Travail à journées sans nourriture.		Trav. à forfait
	HOMMES.	FEMMES.	HOMMES.	FEMMES.	HOMMES.	FEMMES.	HOMMES.	FEMMES.	HOMMES.	FEMMES.	HOMMES.
Copenhague............	82	55	156	100	216	125	58	39	120	71	156
Frédériksborg.........	77	47	143	89	183	108	56	37	114	70	134
Holbœk...............	77	48	125	83	193	114	54	35	102	66	143
Sorö.................	75	52	125	83	181	113	51	38	100	66	131
Prœstö...............	69	43	125	79	172	100	56	35	103	64	129
Bornholm.............	77	39	156	85	183	95	52	33	119	60	131
Maribo...............	77	47	135	85	185	106	58	36	107	68	131
Odense...............	75	60	131	97	179	114	54	43	100	75	130
Svendborg............	77	56	120	85	164	107	55	43	94	66	127
Hjörring.............	77	56	137	104	181	126	39	29	93	77	119
Thisted..............	77	56	147	106	183	111	43	33	106	85	134
Aalborg..............	77	56	133	100	183	117	41	31	89	68	125
Viborg...............	86	54	151	102	197	119	47	33	104	72	128
Randers..............	84	58	141	102	177	112	50	37	100	71	124
Aarhus...............	84	60	125	101	178	114	53	42	105	76	117
Vejle................	80	59	145	100	183	120	52	36	109	75	131
Ringkjöbing..........	100	56	176	110	216	120	47	27	112	68	139
Ribe.................	104	59	171	101	201	118	54	33	110	75	134
Moyenne en Séeland...	77	50	134	87	189	112	55	37	108	68	139
— en Fionie.....	75	59	126	91	172	111	55	44	97	70	120
— sur les Iles....	77	51	135	87	185	109	62	39	106	86	135
— en Jutland....	85	58	150	104	189	117	47	33	104	72	120
Moyenne générale......	81	15	142	95	187	113	54	36	105	70	131

La durée moyenne du travail est de 14 heures et demie par jour en été et de 10 heures 20 minutes en hiver y compris le temps nécessaire pour se reposer et prendre les repas; le temps strictement employé au travail est de 11 heures 6 minutes en été, et de 8 heures et demie en hiver.

La journée de travail varie avec les différents baillages; elle est en été de 15 heures 20 minutes à Ringkjöbing, et de 13 heures et demie seulement à Maribo; elle est de 13 heures 6 minutes à Bornholm, de 9 heures 50 minutes dans les baillages de Sorö, Prœstö et Randers.

Les femmes mariées se livrent moins aux travaux des champs en

Danemark que dans plusieurs autres contrées de l'Europe, en Allemagne et en France par exemple ; elles s'occupent ordinairement de leurs enfants et des soins du ménage, que les besoins de la vie les obligent malheureusement à négliger trop souvent encore ; elles travaillent alors à la moisson, à la préparation de la tourbe, aux récoltes de navets, de pommes de terre, etc.

Les enfants commencent à travailler très-jeunes ; on les emploie surtout à la garde des bestiaux vers l'âge de dix ans, quelquefois dès la septième ou la huitième année ; 50,000 enfants environ sont occupés ainsi ; ils sont employés également pendant les récoltes de pommes de terre, de navets, de betteraves et de fruits.

Dans les circonstances normales, les ouvriers agricoles trouvent à s'occuper pendant toute l'année. Il arrive cependant des chômages pendant l'hiver.

L'ouvrier qui reçoit sa nourriture chez le patron est toujours largement nourri ; il fait ordinairement cinq repas, dont trois consistent en mets chauds. On mange rarement de viande fraîche, le lard salé fait la base de la nourriture.

Les ouvriers qui ne sont pas nourris font souvent maigre chère, leur faible salaire ne leur permet pas de se donner une existence même suffisante ; souvent la charité des patrons et même d'autres personnes leur vient en aide et leur épargne la misère.

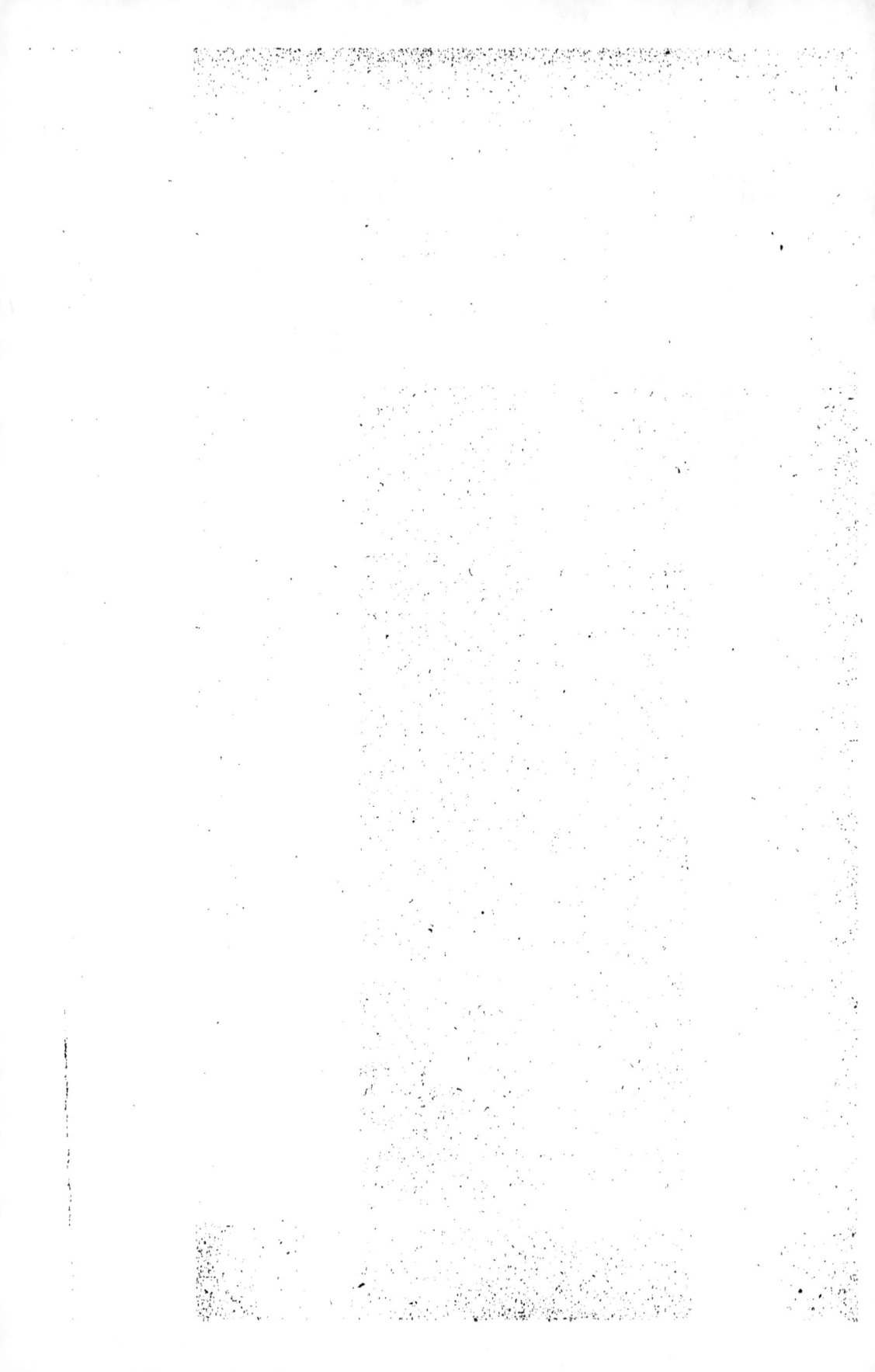

MATÉRIEL AGRICOLE

Il est un fait digne de remarque : dès que la fabrication des instruments aratoires dans un pays devient *travail d'usine*, ces instruments se répandent avec rapidité. Pendant très-longtemps, en Danemark, les procédés de culture sont restés à l'état rudimentaire ; les paysans n'avaient aucune avance et ne pouvaient se procurer des instruments qu'on aurait dû d'ailleurs importer, l'industrie manufacturière n'ayant pris que fort tard le développement auquel elle est arrivée aujourd'hui. Il y avait en Danemark de nombreuses forêts produisant à bon marché du bois de qualité excellente, mais le pays ne possédait ni mines, ni forges, ni fonderies de fer. On devait demander à la Suède et à l'Angleterre ce métal dont le prix, très-élevé en tout temps, montait considérablement aux époques de guerre ; aussi se servait-on d'instruments aratoires en bois ; quant aux machines un peu compliquées, dans la construction desquelles le fer entre pour une bonne part, elles étaient à peu près inconnues.

Pendant tout le moyen âge et jusqu'au milieu du siècle dernier, on n'a fait usage que de la charrue, de la herse et du rouleau, instruments entièrement en bois, de même que les outils à main, pelle, fourche et râteau. Pendant la seconde moitié du dix-huitième siècle, on a tenté l'importation d'outils plus perfectionnés, mais nous ne voyons pas que ces efforts aient été couronnés de succès. Au commencement du siècle fut fondée la première usine pour la fabrication d'*instruments nouveaux et perfectionnés ;* mais à cette époque troublée par les guerres et divers fléaux, les progrès sont lents ; à peine peut-on constater quelques améliorations pendant les vingt premières années. De 1820 à 1845 on perfectionne les charrues et les herses ; on fonde quelques fabriques d'instruments aratoires. On voit apparaître alors des machines à battre, des semoirs, des tarares, des hache-paille, mais seulement sur les grands domaines ; bien que dans quelques villages les paysans s'associent pour se procurer un tarare ou un semoir à petites graines, ce n'est guère que vers 1850 que l'usage des machines a pris une véritable extension. Cette extension est due à plusieurs causes. Le salaire des ouvriers a augmenté et en même temps le bien-être des petits cultivateurs s'est accru. D'un autre côté, il s'est installé dans le pays des agences pour le trafic des machines anglaises et américaines dont la solidité et la qualité des matériaux qui les composent ont commandé la confiance des paysans. Aussi, en présence des nécessités causées par les progrès agricoles (1), se sont-ils empressés de se munir des outils perfectionnés.

Aujourd'hui, le matériel agricole en Danemark est bien conditionné, et les charrues, les herses, les houes à cheval, les semoirs, les râteaux attelés et les tarares peuvent supporter la comparaison avec les instruments identiques des autres nations. Ce qui distingue les types danois, c'est le peu de force de traction qu'ils exigent, la simplicité de leur construction et leur prix relativement modique.

Il faut bien avouer cependant que d'autres instruments, faucheuses, moissonneuses, machines à battre, locomobiles, charrues à vapeur, concasseurs de grains, hache-paille à bras ou à moteurs divers, coupe-racines, sont inférieurs aux modèles anglais ; aussi, dans la pratique, emploie-t-on presque exclusivement les instruments anglais ou américains.

Les Danois qui fabriquent des machines sont en même temps fondeurs de poêles, de fourneaux et autres ustensiles ; généralement ils n'ont pas fait d'études mécaniques suffisantes. Bien que leurs produits soient protégés par la douane qui prélève 10 p. 100 à l'entrée sur les instruments étrangers, il leur est difficile de lutter avec les constructeurs anglais, américains et allemands, parce qu'ils sont obligés d'importer leur charbon et leur fer, et qu'ordinairement ils exploitent avec un petit capital.

La charrue danoise est un excellent instrument auquel tient le paysan, et qu'il ne veut échanger contre aucune autre, quelle qu'en soit la provenance. C'est une forme modifiée et perfectionnée de la charrue américaine. On se sert exclusivement de la charrue à bascule avec laquelle les laboureurs font un travail précis et élégant. Elle est d'une forme ramassée, la haie est courte, le versoir allongé, la structure en est fort simple ; elle ouvre et renverse la terre d'une façon très-convenable. Son prix est d'environ 50 francs. Traînée par des chevaux, à une profondeur de 15 à 20 centimètres, dans une terre argileuse et ferme, elle n'exige une puissance de traction que de 120 à 160 kilogrammes.

La charrue à deux corps symétriques superposés sert à approfondir les sillons et à diviser les mottes ; elle fonctionne bien. C'est

_____

(1) Dès 1854, une usine danoise établie à Odense, dans l'île de Fionie, avait vendu 115 semoirs, 70 batteuses, 20 tarares, 184 hache-paille, 17 machines à étirer les tuyaux de drainage et un coupe-racines.

une invention danoise (1). Deux chevaux la traînent sans effort; on s'en sert surtout à l'automne pour ouvrir les jachères, et au printemps pour les ensemencements d'avoine et d'orge.

Outre ces deux types principaux, on emploie encore la charrue tourne-oreille, la défonceuse, la charrue sous-sol, etc.; tous ces instruments ressemblent aux modèles étrangers, ils ont sur eux l'avantage de la légèreté de traction.

On s'est longtemps servi en Danemark de herses en bois, carrées ou parallélogrammiques, à dents de bois ou de fer; depuis une vingtaine d'années, elles sont presque partout remplacées par les herses en zigzag de Howard. Il y a cependant deux types particuliers de herses qui nécessitent une mention spéciale :

La première, dite *herse rapportée*, ressemble aux herses accouplées de Howard, mais avec de petites dents renflées à leur extrémité inférieure, en forme de dents de scarificateur. On l'emploie avec succès pour recouvrir les semences. Son prix varie de 60 à 80 francs.

L'autre, la *herse suédoise*, ainsi nommée parce qu'elle a été importée de Suède il y a environ quarante ans, est triangulaire; elle est longue de 1 mètre à 1ᵐ,75 et armée de 9 à 11 dents de 0ᵐ,25, légèrement arquées et dont la partie inférieure s'élargit en forme de patte d'oie, faisant avec la tige un angle de 45°. Elle concasse les mottes, et pénètre à 0ᵐ,15 ou 0ᵐ,18 de profondeur ; elle a remplacé la *gratteuse anglaise* (scarificateur) dont l'usage ne s'est pas répandu à cause de son poids, qui fatigue deux chevaux ; les terres de Danemark n'ont pas d'ailleurs besoin d'un hersage aussi énergique. La herse suédoise coûte de 40 à 50 francs.

Les rouleaux de bois ont depuis quelques années fait place aux rouleaux de fer dont l'action est plus puissante; on emploie même le croskill de 0ᵐ,90 de diamètre (2).

En Danemark, presque tous les blés et même les petites graines se sèment à la volée ; c'est sur ce principe qu'ont été construits tous les semoirs. Déjà, au commencement du siècle, on avait importé le semoir Cook, qui fut aussitôt abandonné. En 1840 fut introduit le semoir attelé dit d'Alban, qui a servi de modèle à tous ceux qu'on produit dans le pays, et dont le type le plus perfectionné est le semoir à la volée de M. Rasmussen, de Stubbekjöbing, dans l'île de Falster. Il fait un excellent travail, répartit le grain uniformément, est d'une installation facile, et de solide construction. Son prix est de 350 francs.

Les semoirs à rayons ne sont usités que pour les navets, les raves, les betteraves; comme ces cultures sont peu étendues, ces instruments sont d'un emploi fort restreint.

_____

(1) D'après cette description, elle est identique à la charrue Brabant double.
(2) Ce diamètre paraît considérable, mais l'auteur du mémoire dit que les rouleaux brise-mottes ne sont composés que de 4 cercles; le travail peut être excellent, et le poids du rouleau n'en est pas très-élevé. J. G.

La première moissonneuse qui parut en Danemark est celle de Mac — Cormick qui fut importée en 1852. Plus tard furent introduites les moissonneuses de Burgesse et Key, Howard, Samuelson et autres, mais on les trouva trop lourdes et d'un prix trop élevé pour remplacer avantageusement le travail à la main avec des faux armées de construction anglaise ou américaine. Toutefois, le prix de la main-d'œuvre ayant considérablement augmenté depuis sept ou huit ans, et les représentants des constructeurs étrangers ayant importé les moissonneuses perfectionnées de Kirby, Wood, Johnston, Warder, Mitchell, Hornsby, Samuelson, etc., on commença à les voir fonctionner sur la plupart des grandes fermes bien entretenues, et même sur de petites exploitations. Quelques mécaniciens danois en entreprennent la fabrication. Les moissonneuses, à cause de l'élévation des droits de douane et des fortes remises des agents, coûtent assez cher : de 700 à 1,000 francs.

Les râteaux à cheval d'invention anglaise sont d'un usage général sur les grands domaines et sur beaucoup de fermes. Aujourd'hui la plupart de ces instruments sont de construction indigène. Le râteau de M. Vistoft, de Viborg, peut supporter la comparaison avec les meilleurs râteaux anglais, sur lesquels il a l'avantage du bon marché ; il coûte 300 francs.

Au commencement du siècle on avait employé sur quelques domaines une machine à battre construite sur un modèle écossais ; mais ce sont des faits isolés, et l'on peut dire que jusque vers 1850 la presque totalité du grain en Danemark était battue au fléau.

Depuis quarante ans les batteuses anglaises, qui exigent peu de place, se sont répandues d'autant plus rapidement que les progrès agricoles ont amené un surcroît de main-d'œuvre pendant l'hiver et ne laissent plus le temps aux ouvriers occupés à marner ou à drainer les champs, de battre les récoltes au fléau. Ces premières machines à manéges étaient toutes fixes. La consommation prit un tel essor que les fabricants danois se mirent à construire des batteuses ; mais surmenés par les demandes, ils établirent des instruments défectueux. Ils ont dû cesser devant l'importation des machines locomobiles à vapeur de construction anglaise, qui sont aujourd'hui répandues sur tous les grands domaines, ou qui sont louées aux paysans par des entrepreneurs de battage.

Les autres instruments qui composent le matériel agricole en Danemark sont : les tarares, bien perfectionnés depuis quelque temps ; le hache-paille dont l'usage s'accroît malgré ses défauts, et qui est loin de valoir celui des Anglais ; les concasseurs, les laveurs et les coupe-racines peu répandus et tous de fabrication anglaise.

Les outils à main anglais et américains ont remplacé presque partout les outils si lourds qu'on avait employés jusqu'ici.

Les engins de transport ont reçu également de notables perfectionnements depuis vingt ans ; on fait généralement aujourd'hui les essieux en fer ; les routes ont été améliorées et presque tous les chariots sont montés sur ressorts.

Il y a cependant une partie du matériel agricole qui est plus perfectionnée en Danemark que partout ailleurs, c'est la série des ustensiles destinés au traitement du lait : chaudières, appareils à refroidir à l'eau ou à la glace, barattes mues par la vapeur, etc.; l'emploi de ces divers ustensiles sera indiqué plus tard.

Si l'on excepte les machines à battre et les barattes des grandes exploitations, mues par des locomobiles, la vapeur est peu appliquée en agriculture; le charbon en effet est fort cher, tandis que les moteurs animés sont peu coûteux. Néanmoins, depuis quelque temps, il y a une tendance sensible à généraliser l'emploi de la vapeur aux divers travaux agricoles.

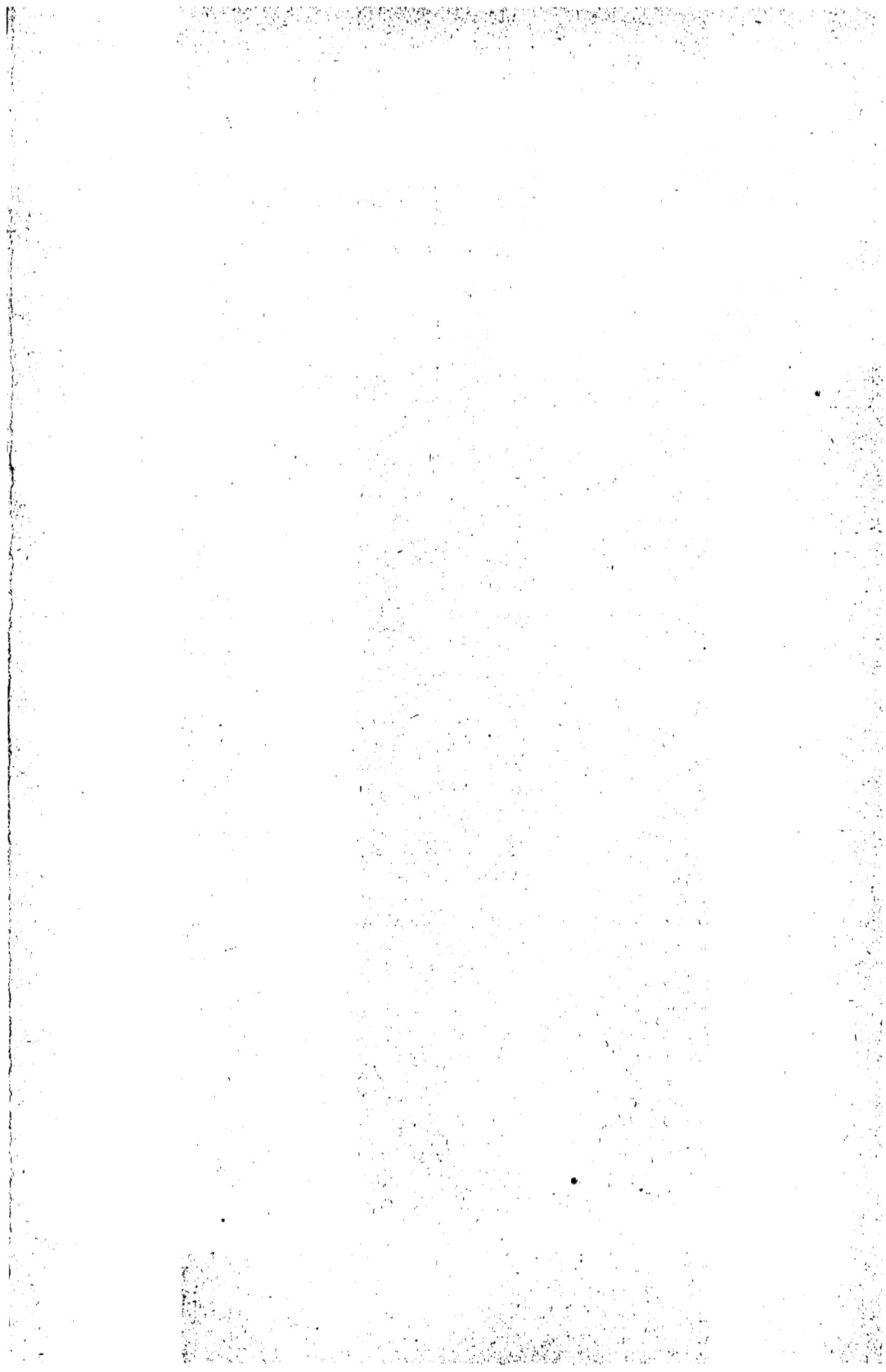

BATIMENTS RURAUX

Les bâtiments ruraux du Danemark sont en général solidement construits, spacieux ; on ne pourrait leur reprocher que la dépense d'édification, parfois trop coûteuse. Les soubassements, les socles sont construits en granit ; on emploie maintenant aussi du béton. Les cloisons et les murs extérieurs sont maçonnés en briques cuites, ordinairement jaunes. Les murs extérieurs sont creux et crépis de manière à relever les contours de la brique. La charpente et la couverture sont en sapin suédois, les planches en sapin de Norwége. Depuis quelques années, on maintient les étables et les écuries au moyen de poutres en fer françaises ou belges, reliées entre elles par des voûtes recouvertes d'argile. Les pignons sont verticaux ; les toits, qui sont inclinés sur l'horizon de 45° au moins, ont été longtemps en chaume ; depuis l'introduction des machines à battre qui brisent la paille, on couvre avec des bardeaux en bois de Suède. Ces bardeaux sont de deux sortes, ceux qui sont fendus et ceux qui sont débités à la machine à raboter. Les premiers, longs de 0^m,47 sur une largeur de 0^m,10 et une épaisseur de 0^m,01, sont injectés légèrement de sulfate de fer, et cloués sur les lattes à la manière des ardoises ; de telle sorte que la partie la plus épaisse soit à la base et que le recouvrement soit environ des 2/3.

Les bardeaux débités au rabot ont également 0^m,47 de long sur 0^m,12 de large et 0^m,003 seulement d'épaisseur. Ils sont enlevés par la machine comme de larges copeaux, injectés et placés comme les autres.

L'emploi des bardeaux n'a pas donné des résultats pleinement satisfaisants, et comme leur durée n'est pas plus longue que celle du chaume, bien des propriétaires en reviennent à la paille pour les écuries et les étables, et aux tuiles rouges et à l'ardoise pour les maisons d'habitation.

Le sol des étables est pavé, celui des granges est en argile battue. Les fenêtres des étables et des granges sont en fonte de fer, celles des laiteries et des maisons d'habitation en bois. Le chauffage se fait au moyen de poêles ronds en fonte.

Il y a dix ans environ, on construisait encore les murs extérieurs en pans de bois de chêne hourdés en maçonnerie. Sur les solives des étables il n'y avait pas de plancher, mais simplement des branches rondes sur lesquelles on entassait les fourrages; dans les maisons d'habitation, le plancher était en bois.

Les fermes se composaient en général de quatre bâtiments formant le carré; au milieu de la cour on déposait le fumier.

Les murs n'avaient que 2^m,20 à 2^m,50 de hauteur. La largeur intérieure des bâtiments variait de 4^m,70 à 6^m,25; les fenêtres étaient très-petites. Toutes les machines étaient mues par des chevaux. Dans les étables, les vaches étaient sur deux rangs, la tête au mur, l'arrière contre un trottoir. La distance entre deux poutres (Fagpanneau) était toujours de 1^m,57; on comptait la longueur des pièces par panneaux. Chaque panneau mesurait l'espace réservé à un cheval ou à deux vaches. Les planches de construction étaient elles-mêmes vendues en longueur correspondant à l'espacement des panneaux.

Lorsqu'une ferme installée dans ces conditions avait besoin d'être agrandie, on établissait autour une série de petites constructions. Mais depuis qu'on a reconnu les dangers de l'agglomération des bâtiments en cas d'incendie, on a modifié le plan des fermes.

La maison d'habitation est toujours isolée, mais de façon à ce que le cultivateur puisse surveiller tous les services; près de l'habitation se trouve la laiterie; la fosse à fumier est hors de la cour, et autour de cette fosse sont disposées l'écurie, l'étable et la porcherie. La grange vient à la suite de l'étable. On emploie en général des moteurs à vapeur.

Dans une ferme de plus de 100 hectares, on compte donc six bâtiments (pl. Ire) : I, la maison d'habitation; II, la laiterie; III, la porcherie; IV, l'écurie et l'étable; V, la grange; VI, les remises à charrettes et à instruments.

La maison d'habitation se compose : à la cave, de la cuisine, du réfectoire des domestiques, du garde-manger, office, etc.; au rez-de-chaussée, de la salle à manger, de salons, chambres à coucher, bureau de l'exploitant; à l'étage, de diverses chambres d'amis, logement de l'institutrice et classe des enfants.

Le bâtiment de la laiterie, qui dans les petites fermes est réuni à l'habitation, renferme au nord le caveau à lait, le caveau à beurre et le magasin aux fromages. Ces pièces, ainsi que la baratte, la chaudière à vapeur et la chambre de la laitière, sont groupées autour du lavoir qui est établi au midi au milieu du bâtiment. La glacière est en communication directe avec la laiterie. Les murs ont 3 mètres de hauteur. Sous le toit sont des chambres à coucher et une chambre de travail pour les filles de laiterie; le reste du grenier sert de magasin à blé.

Le caveau à lait est à 0^m,63 au-dessous du niveau du sol extérieur. Sa hauteur est donc de 3^m,63. Il est plafonné, et le plancher en est bétonné; peu de fenêtres au nord ou à l'ouest; à l'est, sous le plafond, sont disposées des trappes de ventilation : les murs extérieurs ont une épaisseur de 0ᵐ,47. Les caveaux à lait sont plus ou moins spacieux suivant le mode de traitement du lait, suivant qu'on emploie des vases de bois plats à large ouverture, ou de hautes boîtes de fer-blanc ; suivant qu'on refroidit à l'eau ou à la glace. Avec les vases en bois, il faut compter 0ᵐ,98 carré par vache ; il faut moins d'espace avec les boîtes en fer-blanc de 0ᵐ,21 de diamètre sur 0ᵐ,52 de hauteur, qui contiennent 17ᵏⁱˡᵒˢ,500 de lait. Le nombre des boîtes nécessaires égale les 4/7 du nombre des vaches. Pour le refroidissement, on place ces boîtes dans des bassins où coule constamment de l'eau qui ne doit pas dépasser une température de 7°,5 centigrades. Les boîtes sont espacées de 0ᵐ,065 en tous sens. Les bassins rafraîchissoirs emploient 139 litres d'eau par vache et par jour. Ces bassins sont en béton, moitié au-dessous, moitié au-dessus du sol de la laiterie. Lorsqu'on refroidit à la glace, les boîtes sont posées dans des bassins en bois qu'il faut isoler en dessous et sur les côtés, au moyen d'une couche de paille hachée de 0ᵐ,10 à 0ᵐ,11 d'épaisseur.

La glacière est un bâtiment en briques, à l'intérieur duquel une ou deux chambres en planches vernies destinées à recevoir la glace sont isolées par un couloir de 0ᵐ,63 qui fait le tour du bâtiment et qu'on remplit de paille hachée. Le fond de la glacière, en planches recouvertes de zinc, repose également sur un lit de 0ᵐ,63 de paille hachée. La consommation de glace est de 2ᵐᶜ,47 à 2ᵐᶜ,96 par vache pour une durée de neuf mois par an.

Le caveau à beurre, dont le sol est en contre-bas de 0ᵐ,63, est disposé comme le caveau à lait.

Le lavoir, qui doit être bien éclairé, contient la cuve à fromages, la presse, et souvent la chaudière à vapeur. Le sol est pavé.

Sous le magasin à fromages se trouve un caveau à fromages qu'on peut chauffer.

La brasserie, bâtie comme le lavoir, sert en même temps de buanderie, de boulangerie et d'abattoir.

On se sert de plus en plus de la vapeur. Dans les fermes où se trouve une machine fixe, on s'en sert pour chauffer le lait, mais souvent la batteuse est mise en mouvement par une locomobile ; dans ce cas, les autres instruments sont commandés par un manége, et il faut une chaudière à vapeur pour le lait.

Dans les grandes fermes où on installe une machine fixe, on la place dans le bâtiment de la laiterie, d'où un arbre de couche se dirige vers la grange en passant sous le plafond des étables. Non-seulement la machine fait mouvoir tous les instruments, mais l'excédant de vapeur sert aux lavages, à faire bouillir l'eau et les aliments, à chauffer la laiterie et le sous-sol de la maison d'habitation. La cheminée de la machine a une hauteur de 15 à 16 mètres.

Le puits, creusé près de la laiterie, sert à alimenter un grand réservoir de tôle placé sur le grenier de la laiterie, d'où elle est dirigée vers l'étable, l'écurie, la porcherie, la maison d'habitation et les divers services de la laiterie. Le petit-lait va de la laiterie à la porcherie par une conduite souterraine.

La porcherie, séparée des autres bâtiments, a une largeur qui varie de 8^m,75 à 9^m,50, les murs sont élevés de 2^m,50. Elle est généralement faite pour contenir autant de porcs qu'il y a de vaches dans la ferme. Les poutres, les piliers, les solives sont en fer. Les auges sont des tuyaux anglais en poterie vernissée de 0^m,36 de diamètre, coupés en deux. Les couloirs ont 1^m,26 de large, chaque compartiment, profond de 3^m,16 reçoit un cochon par 0^m,42 de longueur d'auge. Les truies, cependant, sont séparées dans des cases de 1^m,88 de large. Au-dessus des auges sont placées des trappes en bois ou des grilles de fer. Les porcheries sont aérées au moyen de cheminées de bois ou de trappes placées près des plafonds. Au devant est une cour fermée où l'on peut lâcher les porcs. Les urines s'écoulent sous la terre.

L'écurie et l'étable ne forment qu'un seul bâtiment; l'étable n'est séparée de la grange que par l'aire à fourrages. Les chevaux et les vaches sont placés soit en longueur, soit en largeur; les vaches sont ordinairement sur 2, 3 ou 4 rangs dans le sens de la longueur du bâtiment, les chevaux dans le sens de la largeur, sur plusieurs rangs (pl. Ire). La largeur extérieure des étables est de :

$$9^m,42 \text{ pour 2 rangs de vaches.}$$
$$13\ ,18\ \text{ —   3   —}$$
$$17\ ,57\ \text{ —   4   —}$$

Les murs ont 3^m,14 d'élévation. Les solives sont en bois et recouvertes de planches. La ventilation se fait comme pour la porcherie. Dans la construction du toit, on évite autant que possible de placer des pièces de charpente horizonales, afin de faciliter l'emmagasinage du foin. Les vaches sont toujours séparées, tête contre tête, par un couloir d'approvisionnement. Les auges sont en béton. On abreuve à l'étable les vaches qui sont placées chacune entre deux petits poteaux et attachées avec deux courtes chaînes. La superficie pour chaque vache est de 1^m,72 de long sur 0^m,91 de large; le sol est en briques ou bétonné.

Les couloirs sont pavés, ils ont 2^m,20 entre les vaches, et 1^m,57 par derrière.

L'étable d'engraissement est à part, on engraisse tous les ans 1 vache sur 10.

Le poulailler est dans l'étable.

Dans quelques exploitations, on laisse le fumier sous les vaches jusqu'à ce qu'il ait atteint une hauteur de 5 pieds (1^m,57); les animaux sont alors placés transversalement au bâtiment qu'on élève de 5 pieds et qu'on allonge de 27 pieds 1/2 (8^m,75) sur les mesures données plus haut.

Les murs des écuries sont ordinairement hauts de 10 à 11 pieds (3^m,14 à 3^m,45). Chaque cheval est dans une stalle en bois; les crèches sont en bois également. Il n'y a que peu d'écuries où l'on ménage un couloir d'approvisionnement devant les chevaux; les stalles ont 5 pieds de large (1ᵐ,57) sur 8 de long (2ᵐ,51). Les couloirs entre deux rangs de chevaux ont une largeur de 10 à 12 pieds (3ᵐ,14 à 3ᵐ,77) ; lorsque l'écurie ne comporte qu'un rang de chevaux, on ne laisse ordinairement par derrière qu'un espace de 7 à 8 pieds (2ᵐ,20 à 2ᵐ,51).

Les bergeries sont rares, on élève peu de moutons.

La grange est toujours spacieuse, elle peut contenir des 2/3 aux 3/4 de la récolte. Lorsque la machine à battre est mue par une locomobile, on établit ordinairement deux ou trois aires transversales au bâtiment où l'on transporte successivement la batteuse et la locomobile, cette dernière restant d'ailleurs toujours en dehors de la grange. Si c'est une machine fixe ou un manége qui fait mouvoir la batteuse, on dispose ordinairement une aire longitudinale, large de 12 à 13 pieds (3ᵐ,77 à 4ᵐ,08), où l'on place la machine à battre ; le manége reste en dehors. La hauteur des murs est de 12 à 13 pieds ; la largeur des portes, de 10 à 11 pieds; les fenêtres sont appliquées très-haut, soit dans le toit, soit dans les murs extérieurs de l'aire. Dans la charpente, on évite autant que possible les pièces horizontales; on peut voir (pl. Iʳᵉ) qu'il n'y a dans une ferme que deux poteaux et une traverse avec ses liens ; les fermes sont espacées de 20 à 24 pieds (6ᵐ,28 à 7ᵐ,54) ; quand le terrain le permet, on creuse le sol de la grange, en ne laissant que l'aire au niveau de la cour. Quelquefois on place le *magasin* dans la partie de la grange la plus rapprochée des remises; ordinairement, il est au-dessus de la charretterie et de la laiterie.

Le bâtiment de la charretterie comprend les remises à charrettes, à machines aratoires, les compartiments pour les matériaux et le chauffage, les ateliers, les latrines, les chambres de valets, le réfectoire des journaliers. Les murs ont une hauteur de 9 pieds 1/3 (2ᵐ,82), la largeur des bâtiments est de 24 pieds (7ᵐ,54). Les véhicules sont ordinairement placés sur deux rangs, l'un derrière l'autre, dans un compartiment sans portes, ouvert sur la cour. Chaque chambre contient deux lits, chaque lit sert à deux valets. Les latrines reçoivent des tonneaux mobiles.

Les fosses à fumier sont creusées en terre, le fond est pavé et légèrement incliné vers un réservoir en maçonnerie destiné à recevoir les purins dont on arrose les fumiers à l'aide de pompes en bois, les murs de la fosse sont verticaux, et souvent élevés en pierres de taille. Autour de la fosse règne un trottoir avec des ruisseaux pour écouler les eaux de pluie. Les fumiers ne sont pas couverts.

Les fermes de paysans (pl. II) sont en maçonnerie et construites comme les grandes fermes. Mais l'écurie, l'étable et la grange forment trois côtés du carré de la cour et sont réunis par des toits contigus couverts en chaume. La fosse à fumier est placée au nord, et ordinairement en dehors de la cour. L'écurie et l'étable forment l'aile nord, la plus rapprochée de la fosse à fumier, la grange est au milieu ; la charretterie forme la troisième aile. Les aires de la grange sont transversales au bâtiment, et le manége est dans la cour, hors de la grange. Les murs ont $2^m,80$ de hauteur, et sont disposés comme ceux des grandes fermes.

La maison d'habitation et la laiterie sont réunis dans le même bâtiment, séparé du reste de la ferme et couvert en tuiles. Au grenier on réserve une ou deux chambres à coucher ; le reste sert de magasin à grains.

Les habitations ouvrières abritent une ou deux familles ; les anciennes constructions sont fort simples ; des pans de bois remplis d'argile, et des couvertures de chaume. Le sol est en argile battue. Les nouvelles constructions sont plus confortables, elles sont faites en briques, couvertes en chaume ou en bardeaux ; on peut y loger de quatre à six familles. Chaque famille a une pièce de 13 mètres carrés environ, avec un plancher de bois et un poêle, une autre pièce de $9^m,44$ avec sol en briques, une cuisine, un garde-manger, un vestibule ; en tout, environ 41 mètres carrés, moins les murs extérieurs.

Si la maison comporte une petite exploitation, elle n'est disposée que pour une famille, mais autour se trouvent une petite grange avec son aire et une étable pour une vache et un à deux porcs.

Bibliographie. — Les ouvrages sur les constructions rurales en Danemark sont assez rares ; on peut cependant consulter avec fruit les suivants :

1° *De la construction des bâtiments nécessaires à une exploitation rurale,* avec 8 dessins, par l'architecte F. Tvede, 1859.

2° *Plans de constructions pour des paysans et pour des maisons avec ou sans terre,* — 14 dessins, — publiés par la Société royale d'agriculture de Copenhague, 1861.

3° *Plans de constructions pour les grandes exploitations rurales,* par V. A. Klein, 1867.

4° *Plans de constructions pour des fermes de paysans,* — 5 dessins, — couronnés par la Société agricole de Horsens, 1868.

5° *Plans de constructions rurales,* — 58 dessins, — par l'architecte **Aug. Klein.**

VOIES DE COMMUNICATION

L'agriculture danoise, grâce à la situation géographique et à la configuration du pays, dispose d'assez bons moyens de transport. Non-seulement le développement des côtes est considérable, mais partout, excepté toutefois sur la côte occidentale du Jutland, depuis le cap Skagen, on rencontre de bons ports ; ils ne sont pas tous accessibles aux grands vapeurs, mais on peut toujours y embarquer ou débarquer les produits agricoles. Sur les 74 villes du Danemark, 60 sont pourvues de ports, dont 47 au moins ont plus de 3 mètres de profondeur. Indépendamment de ces ports, il y a presque autant de débarcadères en dehors des villes.

On trouve en Danemark un port par 300 à 400 kilomètres carrés ; dans les îles un port par 165 kilomètres carrés.

Quatre ports, ceux de Copenhague et d'Elseneur en Sécland, celui d'Aarhus en Jutland et celui de Rönne à l'île de Bornholm, ont plus de 6 mètres d'eau ; quatre autres en ont plus de 4^m,50. Ces ports sont en général bien entretenus, d'un accès facile ; le fond d'eau varie peu, la marée ne se fait sentir que sur la côte ouest du Jutland.

La construction des chemins de fer a commencé assez tard en Danemark ; aussi tous les efforts se sont portés sur les routes, dont le réseau est assez complet. Les premières chaussées, chemins en pierres ayant une largeur de 10 à 13 mètres, ne datent guère que d'une centaine d'années ; il y a soixante ans, on n'en avait encore établi que 280 kilomètres. A partir de 1820, la construction des chaussées a marché rapidement, et depuis 1860, on peut dire que le réseau presque entier du Danemark est achevé, bien qu'on travaille tous les jours à le rendre plus complet.

Depuis 1867, l'État ne s'occupe plus de la confection ni de l'entretien des routes ; c'est un soin dont il s'est entièrement déchargé sur les *Amts* (baillages ou départements). Il y a en Danemark aujourd'hui 6,590 kilomètres de routes pavées en pierres ou macadamisées en très-bon état d'entretien, dont 3,000 sur les îles, soit 220 mètres par kilomètre carré, et 3,590 mètres dans le Jutland, ce qui ne représente que 140 mètres par kilomètre carré.

Outre ces grandes voies de communication, il existe un réseau secondaire de chemins vicinaux dont l'ensemble présente une longueur d'environ 27,500 kilomètres. En réunissant aux autres routes ces chemins communaux, on a 830 mètres de voie par kilomètre carré, et comme ces chemins sont ordinairement aussi bien entretenus que les grandes routes, on peut dire que les moyens de transport à l'intérieur sont assez multipliés.

L'introduction des chemins de fer en Danemark est, avons-nous dit, assez récente; mais, depuis quinze ans, on a déployé une grande énergie dans leur confection. La première voie ferrée (30 kilomètres) fut ouverte à l'exploitation en 1847 ; jusqu'en 1862, il n'existait dans le pays que 109 kilomètres de chemin de fer. L'extension a été rapide depuis cette époque. — On a construit :

De 1863 à 1867	369 kilom.	Total en 1867	478 kilom.
1868 à 1872	427 —	— 1872	905 —
1873 à 1877	541 —	— 1877	1446 —

Les voies ferrées se répartissent ainsi : 572 kilomètres sur les îles, et 874 kilomètres en Jutland, soit $4^k,3$ pour 100 kilomètres carrés sur les îles et de $3^k,4$ en Jutland, ce qui met la péninsule et les îles sur un pied d'égalité, car la population des îles est deux fois plus dense que celle du Jutland, et dans cette dernière partie du royaume 6,000 kilomètres carrés sont à peu près incultes. Le réseau de chemins de fer du Danemark, proportionnellement à l'étendue des terres cultivées approche de celui de la France, quoiqu'il lui soit encore inférieur; il est de 380 kilomètres pour 10,000 kilomètres carrés ; — par rapport à la population, il l'emporte sur celui des chemins de fer français, puisqu'il donne le chiffre de 750 kilomètres par million d'habitants. La construction a été relativement très-économique : l'ensemble des 1,446 kilomètres n'a coûté, matériel d'exploitation compris, que 170 millions de francs environ, soit 120,000 francs par kilomètre.

On s'est surtout attaché dans l'étude des tracés de chemin de fer à mettre en communication aussi directe que possible les stations et les ports avec les centres de culture; aussi l'agriculture danoise dispose-t-elle de nombreux moyens de transport, routes et voies ferrées. Il est peu de fermes ou métairies éloignées de plus de 20 kilomètres d'un port ou d'une station de chemin de fer.

L'établissement des chemins fer a donné l'essor aux cultures potagères et à la confection des produits de la laiterie qu'on peut livrer à bref délai. Mais comme il n'y a qu'une grande ville en Danemark, — Copenhague, — ce sont surtout les exploitations rapprochées des lignes ferrées de Séeland qui profitent de cet avantage.

ENSEIGNEMENT AGRICOLE

L'enseignement agricole en Danemark remonte à l'année 1801. A cette époque, on agrégea à l'Université de Copenhague un professeur qui s'était instruit par de nombreux voyages, et surtout par un séjour prolongé en Angleterre. Pendant l'hiver, il faisait des cours, et l'été il voyageait dans le pays pour recueillir les documents d'un ouvrage sur l'état de l'agriculture en Danemark, qui parut en sept volumes de 1803 à 1812. Il continua ses leçons jusqu'à sa mort, en 1841. A la même époque, M. Classen avait institué par testament des cours sur l'histoire naturelle, l'économie rurale et la zootechnie qui durèrent vingt ans, de 1807 à 1827. Enfin plus tard, à l'École royale vétérinaire de Copenhague, établie en 1773, ont été ouverts des cours de zootechnie et d'hygiène animale, à l'usage des jeunes agriculteurs, qui se continuèrent chaque hiver jusqu'en 1858.

En 1849, on ouvrit à l'École polytechnique un cours d'enseignement agricole auquel fut agrégé un professeur d'économie rurale ; des leçons de chimie agricole furent jointes aux autres cours de l'École sur les sciences naturelles; les jeunes gens qui se destinaient à l'agriculture y furent admis. Les élèves qui avaient subi les examens à la fin des cours, obtenaient le diplôme de *candidat d'agriculture*. L'étude des animaux domestiques n'était cependant pas complète, et les élèves devaient encore suivre les cours de l'École vétérinaire dont l'enseignement était plus spécial.

L'enseignement agricole était l'objet de vives discussions, soulevées dans la presse et dans les comices agricoles généraux qui datent de 1845 et qui avaient cessé de fonctionner pendant la guerre de 1848 à 1850, mais qui ont été reconstitués de nouveau en 1852 par l'ouverture d'un congrès agricole à Copenhague. A ce congrès fut de nouveau discutée la question de l'enseignement. Deux systèmes étaient en présence. Les partisans du premier réclamaient l'adjonction d'une grande ferme expérimentale à l'École d'agriculture, les autres voulaient seulement une Académie agricole à Copenhague.

A la suite de la discussion, on nomma un comité de cinq mem-

4

bres renfermant les représentants des deux systèmes et des hommes ayant des idées moins arrêtées. Ce comité fut chargé de préparer un projet qui devait être présenté au prochain congrès qui s'est tenu à Flensborg en 1854. La majorité du comité, quatre membres sur cinq, était d'avis d'adjoindre l'enseignement agricole soit à l'École polytechnique, soit à l'École vétérinaire. Un seul membre s'était prononcé pour une ferme expérimentale. Le congrès adopta le projet du comité. Une école supérieure à la campagne entraînait des frais considérables, il était difficile d'y avoir des professeurs, des collections et des appareils comme à la ville; en outre, les fermes écoles avaient assez mal réussi, peut-être d'ailleurs parce qu'elles avaient été installées avec des capitaux insuffisants.

Le gouvernement tint compte des vœux des agriculteurs, et dès l'automne de 1854, il nomma une commission chargée de régler l'enseignement agricole supérieur en y adjoignant l'enseignement vétérinaire. Cette dernière mesure était d'autant plus importante que les bâtiments de l'École vétérinaire, installée en 1773, menaçaient ruine. Le projet fut prêt dans le courant de l'été de 1855, approuvé par le gouvernement, et déposé au Rigsdag. Le projet de loi rencontra quelque opposition au Folkething; on réussit pourtant à le faire adopter par le Rigsdag, et la loi du 8 mars 1856 décida la création d'une Académie royale agricole et vétérinaire. Les cinq membres du comité d'études furent chargés de pourvoir à la construction et à l'installation de cette Académie.

L'entreprise fut aussitôt mise à exécution; on acheta dans la commune de Frédériksborg, attenante à la ville de Copenhague, une propriété avec ses dépendances en terres comprenant environ 35 hectares, et les bâtiments furent construits pendant le cours des années 1857 et 1858. Enfin, le 24 août 1858, l'école fut ouverte provisoirement à trois classes d'élèves : les agriculteurs, les vétérinaires et les géomètres et ingénieurs agricoles. En 1863, les études se complétaient par l'adjonction de deux classes nouvelles qui figuraient au projet, les forestiers et les horticulteurs. 20 hectares des terres de la propriété ont été destinés à l'usage de l'École. 11 hectares servent de champs d'essais, 5 hectares 1/2 de jardins botanique et économique ; le reste est affecté aux jardins d'agrément, aux cours, au manége, etc. De ce qui reste du terrain, et qui était isolé des bâtiments principaux, on en a vendu une portion sur laquelle est établi un asile pour des vieillards et des infirmes; le reste est loué jusqu'à ce qu'on trouve un emploi convenable.

L'Ecole polytechnique forme des industriels, des mécaniciens, des ingénieurs et des chimistes proprement dits; l'École vétérinaire et agricole est appelée à créer une pépinière d'agriculteurs, de forestiers, d'horticulteurs, de géomètres et de vétérinaires. Les vétérinaires et les géomètres y reçoivent leur instruction complète; quant aux agriculteurs, aux forestiers, aux horticulteurs, ils n'y reçoivent que l'instruction théorique, et doivent avoir fait déjà de la pratique avant de suivre les cours de l'École. Ces conditions ne sont nécessaires d'ailleurs qu'aux élèves qui veulent prendre leurs inscriptions ; on suppose que tous les étudiants sont en état de suivre les cours, et l'on n'exige de certificat de réception que de la part de ceux qui veulent profiter des bourses ou passer des examens de vétérinaires, de forestiers ou de géomètres qui donnent droit aux emplois publics. Pour les agriculteurs et les horticulteurs, ils sont absolument libres de passer ou de ne pas passer les examens; tout le monde peut assister aux leçons.

L'instruction est libre, les élèves peuvent suivre les cours dont ils désirent profiter; ils ne sont tenus d'assister ni aux leçons ni aux examens.

Les cours sont autant que possible communs aux cinq sections d'élèves. Tous prennent part aux leçons de chimie minérale et organique, de physique, de météorologie et de botanique générale; quatre sections, les vétérinaires exceptés, aux cours de chimie analytique, de géologie, de géométrie pratique, de dessin et aux expériences de laboratoire ; quatre sections, les géomètres exceptés, au cours de zoologie générale. Les leçons de mathématiques, l'enseignement supérieur de la physique, la construction des ponts et chaussées s'appliquent aux géomètres et aux forestiers; la zootechnie, l'hygiène et l'économie du bétail, aux vétérinaires et aux agriculteurs; l'agronomie, aux agriculteurs et aux géomètres etc., ce qui n'empêche pas chaque section d'avoir des branches spéciales d'enseignement.

L'année scolaire se divise en deux semestres, le premier, du 23 août, jour de la rentrée des classes, au 31 janvier; le second, du 1er février au 6 juillet. Le mois de juillet est employé à des expériences de géométrie pratique qui se font au dehors de l'École, sous la direction du professeur. Les examens pour toutes les sections ont lieu en avril et en octobre. La durée des études n'est pas fixée par la loi ; elle est ordinairement de 3 ans 1/2 à 4 ans pour les vétérinaires, les forestiers et les géomètres, de 21 à 27 mois pour les agriculteurs et de 21 mois pour les horticulteurs.

A la tête de l'Académie est placé un directeur qui en a l'administration complète et la représente auprès du gouvernement. Il est assisté par un comité de six agriculteurs possédant de grandes propriétés, nommés par le gouvernement, et dont la plupart sont membres du Rigsdag. Ce comité se réunit deux fois par an pour discuter avec le directeur le budget et les affaires générales de l'École. Le directeur est en outre président du conseil des études, composé de tous les professeurs, et auxquels ressortissent toutes les questions qui se rattachent à l'enseignement et aux examens. Il y a dix professeurs titulaires attachés complétement à l'Académie et neuf agrégés chargés de cours qui ont en général d'autres occupations au dehors. Dix adjoints assistent les professeurs, surtout dans les expériences pratiques.

Le nombre des étudiants se montait, pour l'année scolaire 1876-77, à 234, dont 217 du Danemark et 17 du Sleswig et des pays voisins. Ils se divisaient en 78 vétérinaires, 88 agriculteurs, 18 géomètres, 8 horticulteurs, 32 forestiers et 10 élèves libres. Les examens de sortie ont été subis par 11 vétérinaires, 22 agriculteurs, 2 géomètres, 4 horticulteurs et 3 forestiers. Cinquante et un ont subi l'épreuve des connaissances élémentaires (première partie). La forge reçoit tous les ans 16 maréchaux ferrants qui se perfectionnent pendant 2 mois d'automne et étudient théoriquement l'art de ferrer les chevaux.

Les étudiants pourvoient eux-mêmes à leur logement et à leur nourriture ; l'Académie ne donne que l'instruction. Dans toutes les expériences qui nécessitent des frais de matériel, les frais sont par moitié à la charge des élèves, par moitié à la charge de l'Académie. Le billet d'admission à toutes les expériences qui ne nécessitent pas de frais de matériel se paie 35 francs par semestre. On paie également 35 francs le droit de se servir du laboratoire, 9 francs l'admission à la géométrie pratique, 17 francs le droit d'assister aux dissections et aux opérations chirurgicales, etc. Les élèves versent 14 francs en prenant leurs inscriptions et, avant de passer les examens, on doit en acquitter les frais, soit 55 francs pour les examens de théorie et pour les examens pratiques, le montant des frais qu'ils occasionnent.

Ces rétributions ne sont pas versées à la caisse de l'Académie, elles sont destinées à servir des bourses aux étudiants pauvres et à procurer certains secours en argent qui varient entre 70 et 170 francs par semestre. Les bourses ne sont accordées qu'aux élèves inscrits, l'enseignement gratuit peut être accordé à d'autres étudiants.

C'est donc l'État qui fait face à toutes les dépenses de l'Académie ; il reçoit cependant une contribution annuelle de 28,500 francs de l'Académie de Sorö qui se libère ainsi de l'engagement qu'elle avait pris de pourvoir à l'enseignement supérieur agricole. Les frais de l'Académie royale se sont élevés pour l'exercice 1876-77 à la somme de 158,640 francs.

A la fin de 1877, l'Académie comptait 179 anciens élèves ayant passé les examens, et cinq étudiants ayant suivi préalablement les cours de l'École polytechnique. Aujourd'hui, l'Académie a vingt ans d'existence ; l'expérience est concluante. Presque tous les jeunes agriculteurs qui se sont distingués lui doivent leur instruction, elle fournit en outre des professeurs des sciences rurales aux autres écoles. L'affluence toujours croissante des auditeurs à l'Académie agricole et vétérinaire prouve que cette institution a pleinement acquis la confiance du monde agricole. Il existe d'autres écoles d'agriculture où l'enseignement est moins complet, mais parmi lesquelles il convient de citer :

1° *L'Ecole d'agriculture théorique d'Odense*, ouverte le 1er octobre 1855, soutenue principalement par la Société patriotique de

Fionie. Les cours se poursuivent pendant deux semestres d'hiver,
du 1er octobre au 31 mars. L'enseignement comprend les sciences
naturelles, l'agriculture et la zootechnie ; pendant le premier semestre on revient sur les connaissances élémentaires. L'école a
fait construire un bâtiment, dû à la souscription des agriculteurs
fioniens. Le nombre des élèves est, cette année, de 65 ; l'enseignement est donné par deux professeurs et six maîtres de conférences, payés à la leçon. Les élèves pourvoient eux-mêmes à
leur pension ; ils paient 100 francs pour le premier semestre et
86 francs pour le second. L'État donne un secours annuel de
1,700 francs ; et la Société patriotique, une subvention de
1,400 francs.

2° *L'Ecole rurale de Lyngby*, à 12 kilomètres au N. de Copenhague. Elle a été fondée en 1867 par une association de propriétaires
habitant les environs et comprend une haute école de paysans
(*Folkehöjskole*), et une école d'agriculture. En général, les élèves
fréquentent les deux écoles, s'ils ont cependant des connaissances
élémentaires suffisantes, ils sont tout de suite admis à l'école
d'agriculture. Cette dernière a reçu l'hiver dernier 62 élèves, l'enseignement est fait par cinq professeurs habitant l'école et deux
autres maîtres payés à la leçon et qui font aussi des cours à la
haute école des paysans, fréquentée cette année par 40 élèves.
Les cours de l'École d'agriculture durent dix mois, du 1er octobre
au 31 juillet. Les élèves sont internes, et paient 45 francs par
mois la pension et l'enseignement. L'État et la commune donnent
une subvention de 2,600 francs.

3° *L'Ecole d'agriculture de Tune*, à 20 kilomètres O. de Copenhague, fondée en 1871. Après avoir été organisée d'abord en folkeöj-
schole, elle est installée maintenant sur le modèle de celle de
Lyngby. L'école a été construite par l'héritier fidéicommissaire
de feu l'amiral Gjöre qui la possède encore. En dehors des bâtiments, il y a 18 hectares de terre dont l'usufruit appartient au
directeur de l'école. Il y a 54 internes payant une pension men-
suelle de 50 francs. Les cours durent neuf mois, du 1er novembre
au 31 juillet. L'enseignement est confié à quatre professeurs
qui font en même temps les cours de la haute école de paysans
fréquentée cette année par 39 élèves. Les revenus se composent, outre la rétribution des élèves, d'une subvention de
2,600 francs due à l'État et à la commune, et de l'usufruit des
terres, exempt d'impôt. Pendant les vacances, en septembre et
en octobre, on y reçoit des jeunes filles auxquelles on enseigne
les connaissances élémentaires, et auxquelles on donne des no-
tions des travaux de la laiterie et des ouvrages à la main. Un
professeur et six maîtresses sont chargés de ces soins. Chaque
jeune fille doit verser 114 francs pour sa pension et l'enseignement des deux mois.

Les fermes-écoles où l'application pratique est jointe à l'enseignement théorique n'ont jamais bien réussi en Danemark.

En 1830, le gouvernement fonda une école de ce genre dans une ferme située près de la ville de Sorö, en Seeland ; elle ne put tenir que quelques années, on fut obligé de la fermer faute d'élèves.

En 1837, un particulier subventionné par la Société royale d'agriculture établit à Frisendal, en Jutland, une ferme-école destinée aux fils de grands et de petits propriétaires. L'enseignement, en deux catégories bien distinctes, devait durer trois ans. Elle eut peu de succès. Plus tard, l'école fut transportée à Haraldsund, et la durée des cours réduite à deux ans. Après un changement de directeur, elle fut encore transportée à Skaarupgaard et enfin à Dangaard, fermes situées dans la partie orientale du Jutland. Pendant assez longtemps, l'école fut fréquentée non-seulement par des agriculteurs danois, mais aussi par des Norwégiens, c'était la seule de ce genre, et le dernier directeur était un homme habile. Elle subsista jusqu'en 1872, mais à la fin, on n'y donnait plus que des leçons théoriques, dans des cours durant une année seulement, et elle ne put soutenir la concurrence des écoles d'agriculture ; elle dut fermer malgré une subvention annuelle que lui donnait le gouvernement.

Il y eut une ferme-école qui a joui d'une bonne renommée à Hofmannsgave en Fionie, de 1845 à 1855. L'enseignement y était surtout thécrique, mais comme le directeur exploitait une grande ferme, les élèves avaient l'occasion de s'exercer à la pratique et d'apprendre la comptabilité.

Quelques fermes-écoles établies par une société d'agriculture d'actionnaires dans le nord-ouest de l'île de Seeland (province d'Holbock) ont eu une existence trop éphémère pour qu'on puisse en rien dire.

Il existe une véritable ferme-école où l'enseignement pratique a la même importance que celui de la théorie. Elle a été établie en 1849 à Nœsgaard, dans l'île de Falster par fidéicommis du général Classen qui a laissé des biens importants et des fonds dont les revenus sont affectés à des œuvres d'utilité publique. En 1800, on avait tenté d'installer à Falster une ferme-école, elle n'eut pas d'élèves ; la tentative renouée en 1849 a eu un plein succès, l'école ne peut suffire aux demandes d'admission. Les cours sont de deux ans, l'école peut recevoir 18 élèves, dont la moitié se renouvelle chaque année. Elle est destinée aux fils de paysans qui ont l'intention de reprendre les fermes de leurs pères. Les candidats doivent avoir dix-huit ans, savoir labourer et être bien portants. La moitié de la journée est consacrée aux études, l'autre moitié au travail des champs, qui ont une étendue de 165 hectares. Outre le directeur et deux professeurs demeurant à l'école, il y a encore deux maîtres de conférences payés à la leçon et qui habitent une petite ville voisine. Les élèves paient la première année 285 francs et 228 francs la seconde, pension et enseignement compris. L'instruction est solide, les maîtres habiles, et la ferme-école jouit d'une excellente renommée. Elle exige néanmoins des dépenses assez considérables; en outre de l'usufruit exempt d'impôt et d'une subvention annuelle de 3,400 francs, la balance de l'exercice, du 1ᵉʳ avril 1876 au 31 mars 1877, se soldait par un déficit de 11,800 francs remboursé par le fidéicommis.

Une école théorique et pratique de contre-maîtres d'irrigations pour les prairies est établie depuis un an à la ferme de Hesselwig, dans les landes jutlandaises; elle fonctionne depuis trop peu de temps pour qu'on en puisse apprécier les résultats.

On peut dire que les écoles pratiques ont, en général, peu réussi au Danemark; il est difficile, en effet, de joindre l'enseignement théorique aux exigences de la pratique. D'un autre côté, les paysans sont exercés dès leur jeune âge aux travaux de la ferme; quant aux fils de propriétaires, ils vont ordinairement, vers l'âge de dix-huit ans, au sortir du lycée, chez quelque habile agriculteur pour se mettre au courant des usages agricoles. Ils sont admis sur les fermes moyennant une pension de 600 à 12,000 francs, et prennent part à tous les travaux qui s'exécutent sur l'exploitation. L'apprentissage est de deux à trois ans, souvent sur deux fermes différentes; il n'est pas rare que les jeunes gens aillent passer quelques mois dans une laiterie en renom pour se mettre au courant de cette spécialité agricole. Ils vont ensuite suivre les cours de l'Académie ou de quelque autre école d'agriculture, puis ils deviennent régisseurs ou administrateurs de propriétés jusqu'au jour où ils peuvent se faire une situation indépendante.

L'*institution des apprentis agriculteurs* permet aux fils de paysans d'acquérir une solide instruction pratique. Cette institution fondée sous le patronage de la Société royale d'agriculture depuis plus d'un demi-siècle a déjà fourni un grand nombre de bons ouvriers de culture. En 1820, la Sociéte obtint que 12 jeunes paysans, qui devaient servir pendant trois ans sur des fermes qu'elle désignerait, seraient, à la suite de leur apprentissage, dispensés du service militaire en temps de paix. L'expérience ayant donné d'excellents résultats, le gouvernement augmenta le nombre de permissions, qui s'éleva successivement à 18, 22, 27. En 1841, il y avait 50 apprentis agricoles. La guerre de 1848-50 vint interrompre cet état de choses, tous les apprentis furent appelés sous les armes. Après la paix, la nouvelle loi de conscription ne souffrant aucune exemption du service militaire, on put croire à la ruine de l'institution : il n'en est rien, et les cultivateurs recherchent les apprentis de la Société royale qui, dans le principe, avaient servi gratuitement, et auxquels ils sont heureux d'offrir, outre la nourriture et le logement, 114 francs la première année, 128 la seconde et 143 la troisième, soit les deux tiers environ des gages ordinaires.

Au commencement de 1877, il y avait, sous le contrôle de la Société, 126 apprentis, placés dans 75 fermes. Les demandes d'apprentis sont très-nombreuses, aussi la Société se montre-t elle difficile sur le choix des fermes. Les fermes ont de grands avantages à recevoir des apprentis, non qu'ils fassent des économies sur le salaire qui est moins élevé que celui des autres ouvriers, — cette économie est compensée par les soins qu'on a pour eux, — mais ils ont l'espoir d'avoir des travailleurs zélés, désireux de s'instruire et qu'ils peuvent donner comme exemple aux gens de la ferme. Rarement cet espoir est trompé.

L'apprenti qui veut se placer doit être âgé de dix-huit ans, adresser à la Société une demande écrite entièrement de sa main, accompagnée d'un certificat de bonne vie et mœurs, constatant qu'il a des connaissances élémentaires, qu'il est robuste, de bonne santé et habitué aux travaux ordinaires de la campagne. La Société lui assigne alors une place dans une ferme ; elle le fait changer de résidence afin de le mettre à même de se rendre compte des différents modes d'exploitation. Les apprentis ne restent jamais plus d'un an sur la même ferme, ils sont placés alternativement sur les îles et en Jutland. La Société fournit à chaque apprenti une petite collection de livres traitant des sciences naturelles, de l'agriculture, de l'élevage des bestiaux. Les fermiers et les administrateurs chez lesquels sont placés ces jeunes gens leur donnent des explications sur les points qu'ils ne comprennent pas, et à la fin de l'apprentissage les livres deviennent leur propriété. Ceux qui quittent le service sont tenus de renvoyer les livres 'à la Société. Chaque apprenti est tenu en outre de rédiger un journal de ses travaux et un rapport sur l'exploitation. Ces rapports sont examinés par un expert, et l'appréciation de ce dernier publiée dans les comptes rendus annuels de la Société royale.

Les fermiers s'intéressent, en général, à l'instruction de leurs apprentis, qu'ils s'efforcent d'étendre par des conversations et des enseignements suivis; aussi les journaux sont-ils ordinairement bien tenus. Cette institution des apprentis demande beaucoup de travail à la Société royale d'agriculture, mais elle n'exige aucun frais, les gages suffisent amplement à leur entretien. La Société ne peut que s'applaudir de l'énorme succès de l'institution. Les jeunes gens munis du brevet d'apprentissage sont très recherchés comme administrateurs de petites fermes et comme aides dans les grandes exploitations. Beaucoup d'entre eux ont réussi à se créer une position honorable ; ils sont devenus fermiers et même propriétaires de domaines d'une certaine importance ; on compte beaucoup d'habiles agriculteurs qui ont commencé par être apprentis de la Société royale.

Les résultats obtenus par ce système ont encouragé la Société à l'étendre, de manière à faire de bons chefs de laiterie, des métayers et des laitières, des contre-maîtres de drainage et d'irrigation ; mais la plupart des associations locales étant entrées dans la même voie, la Société royale leur a abandonné cette initiative et ne place plus que des apprentis laitiers, dont l'éducation dure deux ans. L'exemple donné par les Sociétés d'agriculture a porté ses fruits ; aujourd'hui, les fermes renommées par leur bonne direction reçoivent des apprentis aux mêmes conditions que ceux de la Société royale, ils restent pendant un an ou dix-huit mois; les fermiers n'ont qu'à se louer de leur service.

Publications agricoles périodiques. — Parmi les journaux du Danemark qui traitent les questions d'économie rurale, nous citerons : 1° le journal d'économie rurale (*Tidskrift for Landökonomi*), fondé en 1813, il paraît sous ce titre depuis 1831. Il forme tous les ans 8 livraisons de 4 à 5 feuilles. Outre les sujets d'économie rurale et des travaux sur différentes questions intéressant le pays, le journal publie les discours prononcés et les discussions soulevées à la Société royale d'agriculture, ainsi que le compte rendu des séances.

Il est publié par le secrétaire de la Société et adressé à tous les membres. Le prix d'abonnement est de 1 fr. 50 par an ; on le tire à 1,500 exemplaires;

2° Le journal hebdomadaire des Agriculteurs (*Ugeskrift for Landmœnd*). Il date de 1856 et publie, toutes les semaines, un numéro de 32 pages de texte sans les annonces. On y trouve des articles sur toutes les questions agricoles, des rapports de comices, des comptes rendus bibliographiques; ses colonnes sont ouvertes à la discussion. Il donne le cours des denrées et reçoit de nombreuses annonces. L'abonnement est de 20 francs par an; il a 1,300 abonnés;

3° Le petit journal agricole (*Landmandsblade*). Ce journal paraît hebdomadairement depuis 1858, par fascicules contenant 16 pages de texte et 8 pages de Revue commerciale et d'annonces. Il est surtout destiné aux petits fermiers et aux paysans. Il coûte 8 fr. 50 par an ; le nombre de ses abonnés est de 3,600 environ.

Il y a encore quelques publications locales peu répandues et qui n'ont qu'une importance relative.

Subventions de l'État à l'agriculture. — Toutes les affaires agricoles sont du ressort du Ministère de l'intérieur et sont administrées par deux bureaux dont l'un a la direction du cadastre, et veille à ce que dans les transactions, ventes, morcellements, etc., la base de l'impôt ne soit pas déplacée, et les propriétés soient évaluées d'après le nombre de *tonnes de Hartkorn* qu'elles représentent. Toutes les autres affaires dépendent de l'autre bureau. Les subventions accordées à l'agriculture ne sont pas considérables; voici l'ensemble du budget pour l'exercice 1877-78:

Académie royale agricole et vétérinaire........................	161,460 fr.
Primes d'élevage de bestiaux, distribuées par les Sociétés locales et qui leur sont accordées en proportion de leurs cotisations......	50,000
Primes d'exploitation intensive des petites possessions (Huslodder), distribuées par les Sociétés locales, jointes à leurs propres cotisations..	28,600

Développement de l'activité de la Société des Landes danoise, qui comprend l'irrigation, la culture des tourbières et des marais et les reboisements...	16,000
Frais alimentaires et de tournées pour l'inspection des expositions d'animaux reproducteurs...............................	3,000
Développement de l'agriculture en général........................	11,400
Développement du reboisement dans le Jutland occidental........	11,400
Plantations des dunes dans la partie occidentale du Jutland......	71,400
Conseil d'hygiène vétérinaire, subventions aux vétérinaires dans les districts peuplés, indemnité pour l'abattage de bestiaux..........	14,400
Total..............	367,660 fr.

Société pour le développement de l'agriculture. — La plus ancienne des Sociétés agricoles du Danemark, et l'une des plus vieilles de l'Europe, est la Société royale d'Agriculture danoise fondée en 1769. Dans le principe on y traitait les questions qui se rattachent à la pisciculture, à la sylviculture, à l'horticulture et aux autres branches de l'industrie agricole ; mais depuis la fondation de Sociétés spéciales, on ne s'occupe plus que d'agriculture proprement dite. Voici quels sont ses moyens d'action :

1° Elle tient des séances où les membres discutent les questions qui ont une importance scientifique ou un intérêt d'actualité ;

2° Elle encourage les travaux d'économie rurale qu'elle publie à ses frais, et répand parmi les agriculteurs, les apprentis, les paysans, des livres de sciences naturelles qu'elle envoie également aux bibliothèques communales ;

3° Elle fait connaître les meilleurs procédés de laiterie et les préceptes d'hygiène vétérinaire. Des hommes possédant des connaissances spéciales parcourent dans ce but le pays ; ils enseignent et prodiguent leurs conseils aux agriculteurs ;

4° Elle fait faire des essais, des analyses chimiques et des recherches concernant l'agriculture ;

5° Elle fait les frais de voyages agricoles entrepris au point de vue des études théoriques et pratiques ;

6° Elle place des apprentis agricoles et laitiers dans un certain nombre de fermes ;

7° Elle forme un lien entre les diverses Sociétés locales, et se charge de l'organisation des Congrès agricoles généraux ;

8° Elle encourage le développement de l'agriculture dans les colonies septentrionales ;

9° Elle donne son concours aux exportations, concours qui a été si profitable à l'exportation de bestiaux vivants en Angleterre ;

10° Elle présente des rapports au gouvernement sur tous les sujets intéressants.

La direction de la Société est dévolue à trois présidents, choisis parmi les membres par voie de scrutin. Tous les ans, l'un des présidents donne sa démission ; il est rééligible. Un conseil d'administration prépare le budget avant de le soumettre à l'assemblée générale, traite les affaires intéressant la Société, admet les nouveaux membres présentés, nomme les comités chargés de missions particulières. Le conseil d'administration se compose de 36 membres, dont 18 nommés directement par les membres de la Société, et les autres par les diverses sociétés locales parmi les membres qui habitent la préfecture. Au commencement de 1878, la Société se composait de 880 membres. Chaque membre paie une cotisation annuelle de 20 kroner, — (29 fr. environ); il reçoit les publications de la Société, et un exemplaire du *Journal d'Économie rurale* contenant les procès-verbaux des séances, et les discours qui ont été prononcés. L'Etat donne une subvention de 4,600 francs ; la Société possède un fonds de réserve de 420,000 francs. Son budget annuel est de 43,000 francs environ.

La Société possède en outre le *fonds destiné à l'instruction des agriculteurs.* C'est une somme de 30,000 francs, produit d'une collecte faite entre les membres de la Société à l'occasion du centenaire de sa fondation, et dont l'intérêt sert à instruire quelques jeunes agriculteurs pauvres qui se destinent à devenir maîtres dans les écoles d'agriculture. Cet intérêt suffit à l'entretien de quatre élèves qui suivent les cours de l'Académie agricole et en subissent les examens.

La *Société danoise des landes,* fondée en 1866, s'est donnée pour tâche l'amélioration des landes du Jutland par l'irrigation et le reboisement. Elle a creusé des canaux d'irrigation importants, créé des pépinières ; aussi plusieurs milliers d'hectares autrefois arides, sont transformés en prairies ou plantés en bois qui bientôt formeront de véritables forêts. La Société est administrée par trois directeurs et un conseil de 20 membres. Le nombre de ses membres s'élevait au commencement de 1877 à 3,204, payant une cotisation minimum de 4 kroner (5 fr. 50 environ) ; le total des cotisations pour 1876 se montait à 57,800 francs. Elle reçoit en outre des subventions annuelles considérables de l'État et de quelques institutions publiques. La subvention de l'État pour le dernier exercice est de 16,600 francs.

Le *fidéicommis du général Classen* a été fondé en 1789 par le testament du major général J. F. de Classen. Ce généreux citoyen a voulu que sa fortune, dont l'administration est confiée à 4 directeurs nommés par le roi, fût appliquée à l'encouragement des entreprises scientifiques, techniques, et ayant un but de bienfaisance. L'agriculture n'a pas été oubliée : nous avons vu qu'on avait fondé sur les revenus une ferme-école à Nœsgaard ; les administrateurs font en outre les frais de voyage de certains agronomes et subventionnent la Société des Landes. Les biens laissés par fidéicommis se composent d'immeubles considérables, de bois, de terres, et en outre de plus de 3,000,000 de francs en valeurs.

Les *sociétés locales d'agriculture* étaient, à la fin de 1877, au nombre de 70, réparties sur tout le pays. Quelques-unes datent du commencement du siècle ; d'autres ont été créées de 1830 à 1850 ; la plupart n'ont été fondées que depuis 1850, au moment où les associations comprenant le territoire de toute une préfecture se sont scindées. Le nombre de leurs membres varie de 150 à 900 ; elles en ont en moyenne de .300 à 500. Elles sont administrées par un président et un conseil choisis en assemblée générale. Leurs recettes ne comprennent guère que les cotisations qui sont en moyenne de 4 kroner (5 fr. 56). L'État vient à leur aide en leur donnant des primes au prorata de leurs cotisations.

Pendant l'été, ces sociétés ouvrent des expositions de bestiaux; pendant l'hiver, elles tiennent des séances de discussion.

Les expositions sont très-diverses : ici des animaux reproducteurs, là des grains de semence, ailleurs des bêtes grasses, mais surtout des produits de laiterie, beurre et fromages. Plusieurs sociétés donnent des appointements à des chefs de laiteries qui aident les membres de leurs conseils ; l'une d'elles paye un candidat d'agriculture diplômé qui parcourt le district et fait des conférences sur les matières agricoles. Cette mesure a été généralement applaudie, et sera certainement imitée par d'autres sociétés lorsque l'état de leur budget le leur permettra.

Plusieurs sociétés se réunissent souvent pour donner plus d'éclat à leurs expositions, c'est ainsi que les sociétés du Jutland font, depuis 1872, des expositions collectives de beurre, de fromages, d'animaux gras et de reproducteurs, dans les différentes villes suivant un itinéraire tracé d'avance. Les frais sont couverts par des souscriptions auxquelles s'adjoint la rente d'un capital de 25,000 francs légué par un grand propriétaire.

Dans toutes les parties du pays, on a institué des sociétés pour l'achat en commun de son, de tourteaux et d'engrais concentrés, qu'on soumet à l'analyse chimique. Ce sont, en général, des associations départementales formées en dehors des sociétés locales d'agriculture L'achat en commun vise surtout les superphosphates.

Outre les expositions de bestiaux, on expose encore dans chaque département les étalons âgés de plus de quatre ans, dont le gouvernement en courage l'élève par des primes. Les étalons sont essayés en attelages ou montés. Ils sont jugés par un jury d'agriculteurs et de vétérinaires nommés par le conseil d'arrondissement, sous la direction d'une commission désignée par le gouvernement.

Un *congrès général agricole* est organisé tous les trois ans par les soins de la Société royale ; il se tient dans l'une des villes du royaume. La Société royale d'agriculture, assistée des délégués de toutes les sociétés locales, nomme un président, un vice-président et un comité d'administration pour le congrès qui fixent l'époque et le lieu du congrès qui devra se tenir dans la quatrième année qui suit la réunion. Les congrès généraux ont presque toujours lieu dans la première semaine de juillet, et durent cinq jours. On y fait des conférences et on y discute les questions qui offrent l'intérêt le plus immédiat. On a cependant un peu abandonné le système des conférences pour en revenir aux concours d'animaux et d'instruments aratoires et de produits. Les récompenses sont distribuées le jour de l'ouverture du congrès après que les jurys ont rendu leurs sentences. On emploie ordinairement un jour en excursions, soit pour visiter quelque domaine voisin, soit pour voir des contrées intéressantes.

Les frais de ces congrès sont assez considérables ; ceux du dernier (13ᵉ congrès agricole danois), qui s'est tenu à Viborg en 1875, se sont élevés à 172,000 francs.

Les recettes se montant à 149,700 francs se composaient des cartes d'entrée des membres (3,100 cartes à 14 fr.), 43,400 francs ; de 39,300 francs de billets d'entrée aux expositions ; de 67,000 francs de souscriptions, dont 10,000 francs, pour la part de l'État, pour être distribués en primes.

On a donné 23,300 francs de primes en argent, et des médailles pour un valeur de 3,200.

DEUXIÈME PARTIE

DÉFRICHEMENT DES LANDES

On ne trouve que rarement des landes sur les îles du Danemark ; la péninsule jutlandaise contient, au contraire, environ 111 milles carrés (629,702 hectares) de landes et dunes.

Les landes sont des terres non cultivées dont la végétation principale est représentée par la bruyère commune des landes (*Calluna vulgaris*). On y trouve cependant un assez grand nombre d'autres plantes. Dans les marais, les fonds marécageux, sur les landes marneuses et, en général, sur les terrains humides, on rencontre communément la bruyère campanuliflore (*Erica tetralis*) ; le lédon ou ledum des marais (*Eyrica gale*) ; différentes espèces de saules ; la canneberge (*Vaccinium oxiccoccus*) ; l'airelle des marais (*Vaccinium uliginosum*) ; le romarin sauvage (*Andromeda polyfolia*) ; le coton des marais (*Eriophorum vaginatum*) ; plusieurs variétés de mousses jaunes, etc.

Dans les landes sèches à sous-sol un peu argileux, la bruyère est le plus souvent vigoureuse ; elle atteint une hauteur de $0^m,50$ à 1 mètre ; elle est ordinairement associée au genêt (*Sarothamnus vulgaris*) ; à l'airelle rouge (*Vaccinium vitisidiæ*) et à la mousse jaune.

Dans les endroits où l'on peut reconnaître la trace d'anciennes forêts, on trouve des rejetons, hauts de $0^m,60$ à 2 mètres, de chênes (*Quercus pedunculata* ou *Q. sessiliflora*) ; de hêtres (*Vagus sylvatica*) ; de genévriers (*Juniperus communis*) ; de fougères, *filices* ; et des baies de myrtille (*Vaccinium myrtillus*), etc.

Dans les landes sèches, sablonneuses, maigres par conséquent, surtout lorsque le sol contient de la limonite, la bruyère n'atteint que $0^m,15$ à $0^m,30$ de hauteur et se trouve ordinairement en compagnie de la broussaille des ravins (*Empetrum nigrum*) ; de l'uvette ou baie aux ours (*Andromeda officinalis*), et des variétés blanches du lichen. Parmi tous ces végétaux croissent un certain nombre de plantes herbacées, plus abondantes bien entendu dans les terrains humides que dans les landes sèches. Lorsque les bruyères disparaissent, ce qui a lieu tous les quinze ou vingt ans, ou lorsqu'un incendie a parcouru les landes, ces plantes herbacées croissent avec une certaine vigueur pendant un an ou deux, et donnent aux landes

5

l'aspect de champs de verdure ; mais la bruyère les couvre bientôt et les landes reprennent leur couleur brun foncé qui, à l'automne seulement et pendant la floraison, devient d'un rouge vif.

Souvent les incendies qui ont détruit les bruyères, ont consumé la couche de sable mêlée de débris organiques qui est à la surface du sol sur une épaisseur de 8 à 10 centimètres. Les cendres et le sable, remués par les vents, sont chassés dans toutes les directions et finissent par donner naissance à des amas en forme de monticules qu'on nomme des dunes. Les dunes laissent entre elles des espaces variables horizontaux souvent protégés contre l'action ultérieure du vent par une couche mince de gravier. La première végétation qu'on y voit apparaître est ordinairement composée de chaume des sables (*Elymus arenarius*), et de froment nain ou rampant (*Amnophila arenaria*). Dès que le mouvement des sables s'arrête, croissent la salsepareille allemande (*Carex arenaria*) ; la salicaire commune (*Salix repens*) ; les différentes variétés de lichen, et enfin la flore ordinaire des landes.

Les dunes du littoral forment sur les côtes de la mer du Nord une bande large de 1/8 de mille à 1/2 mille (940 m. à 3 kil. 760 m.) et couvrent environ 10 milles carrés (56,730 hect.). Elles sont encore influencées par les vents, et couvertes par conséquent d'elymus et d'amnophila. La face opposée à la mer présente davantage la végétation caractéristique des landes ; la flore des landes sèches au sommet, celle des landes marécageuses à la base.

Sol des landes. — On pourrait à la rigueur classer le sol des landes d'après l'aspect de leur végétation ; mais comme cette végétation est influencée par des causes multiples, il convient de sonder le terrain et de l'examiner. On peut diviser le sol des landes en deux catégories : celui des grandes plaines sablonneuses, et le terrain argileux des ondulations.

Ce qui caractérise les grandes plaines de sable, c'est leur uniformité dans leur immense étendue. Complétement plates, dépourvues d'arbres, habitées par une population clair-semée, elles sont reliées soit entre elles, soit avec la mer du Nord ou le Cattegat, par des plaines sablonneuses de moindre étendue. Elles couvrent une surface de plus de 120 milles carrés (680,670 hect.). Une très-petite portion de leur superficie est cultivée. Les plaines ont bien une pente qui de leur point culminant, près du mont Himmelbjerg, se dirige vers l'ouest, le sud et le nord ; mais l'Himmelbjerg n'a qu'une hauteur de 185 mètres, et la crête des plaines, située à 12 milles de la côte occidentale du Jutland, que 62 mètres au-dessus du niveau de la mer ; la pente n'est donc que de 1 mètre par 1,500 mètres et n'est pas appréciable à l'œil. Une inclinaison aussi faible ne procure pas à l'eau un écoulement suffisant, aussi les plaines sont-elles couvertes d'eaux stagnantes, de marécages, de marais contenant d'énormes quantités de tourbe. Malheureusement ces matières combustibles ne seront pas utilisées de longtemps, faute de bras pour les exploiter. Les marécages se prêtent quelque peu aux opérations agricoles ; quant au reste des plaines, elles se composent d'un sable très-maigre et grossier, ordinairement un peu coloré en rouge par l'oxyde de fer, recouvert d'un mince dépôt de limonite et d'une couche encore plus mince de bruyère : l'aspect d'un pareil sol est peu encourageant pour des agriculteurs qui voudraient tenter fortune.

La profondeur du sable des plaines est généralement assez considérable pour qu'on n'en puisse atteindre le fond. C'est au centre du Jutland qu'elle atteint son maximum ; le minimum d'épaisseur se rencontre vers la mer du Nord. A Burhede, sur la rivière d'Holstebro, la couche de sable n'a que quelques pieds de profondeur. Partout où l'on a percé la couche de sable on s'est trouvé sur l'argile ou la marne. — Ce n'est que sur ces points ou dans les profondes échancrures formées par les grandes rivières qu'on peut arriver à la marne ; ce sont aussi les seuls endroits qui présentent quelque trace de culture.

La limonite est un produit de la végétation ; elle se forme partout où croît la bruyère, partout aussi où les couches de sable sont dénuées d'argile et contiennent du fer. On en distingue trois espèces : la limonite ferrugineuse, la limonite pierreuse et la limonite sablonneuse.

La limonite ferrugineuse se trouve ordinairement sur les terrains bas et humides ; elle se compose de particules divisées de bioxyde de fer, et son apparence est celle de scories ferrugineuses brunes. Elle se trouve surtout dans les endroits où des eaux courantes chargées de sels de fer ont un cours assez lent pour laisser précipiter ces sels. Elle ne se trouve jamais en quantité assez forte pour nuire à la culture, bien qu'on puisse espérer dans l'avenir en tirer parti au point de vue industriel et en extraire du fer de bonne qualité. Le minerai déposé contient en effet plus de 20 p. 100 de fer.

La limonite pierreuse n'est autre chose qu'une formation de gravier où les grains de sable sont plus ou moins agglomérés et cimentés par des dépôts de bioxyde de fer. Elle n'est pas très-abondante, on la trouve en divers endroits du Jutland, le plus souvent sous forme de masses isolées et très-compactes. C'est de ces masses qu'on extrait la plus grande partie des matériaux qui servent à la confection des routes.

On la trouve souvent sous la forme de matières en voie de formation, composées de limonite recouverte d'une couche de terre de bruyère dans la partie supérieure, souvent même la couche entière renferme du gravier. Cette couche n'a guère que deux pouces d'épaisseur dans les plaines. Elle est également en voie de formation dans ce qu'on appelle les sables intérieurs, c'est-à-dire les traînées de landes où les sables ont été amenés par le vent.

Lorsqu'un terrain de landes maigres a perdu son revêtement de bruyère, par suite d'un incendie, les vents dispersent le sable jusqu'à ce que la limonite soit à jour. Exposée à l'air, elle se délite et est entraînée à son tour jusqu'à ce que les graviers et les cailloux plus lourds, sur lesquels le vent n'a plus d'action, forment une couverture sur le sable inférieur. Les pierres s'emboîtent alors les unes dans les autres comme le feraient celles d'une chaussée pavée. Dans les interstices croissent à nouveau des lichens et des bruyères, et les pierres se soudent au sable sous-jacent pour former une nouvelle couche de limonite.

La limonite sablonneuse est celle qu'on rencontre le plus fréquemment. Sous la tourbe ou terreau de bruyère, se trouve une couche de sable grisâtre épaisse de quatre pouces à un pied (0^m,10 à 0^m30), se composant d'un sable quartzeux blanc, assez chimiquement pur, auquel sont mêlées des particules fines d'humus de couleur sombre, provenant de la couche de bruyère. Sous ce sable, qu'on appelle *sable de plomb,* se trouve la limonite sur une épaisseur variant de quatre pouces à deux ou trois pieds. Cette limonite a l'aspect de grès ; la couche supérieure est d'un brun noirâtre, la couche inférieure est rouge. Le dessus est plat et horizontal, au-dessous sont des espèces de stalactites, dont l'axe est formé par les racines de bruyères. La limonite se compose de grains de sables liés ensemble par la matière colorante, mélange d'acide humique et d'oxyde de fer. Exposée à l'air, ou traitée par une solution faible d'ammoniaque, la limonite se désagrége rapidement, présentant sur la face supérieure des cailloux ou du gravier et donnant naissance à une formation de limonite pierreuse au-dessous de laquelle vient la limonite sablonneuse proprement dite. Au-dessous, on trouve toujours du sable sans consistance et maigre, complétement infertile, et auquel la présence d'un peu d'oxyde de fer communique une couleur plus ou moins rougeâtre.

La limonite ne se rencontre jamais sur du sable contenant de l'argile ou sur du sable blanc totalement privé de fer ; plus la végétation de la bruyère est active, plus la formation de la limonite est considérable, elle disparaît en même temps que la végétation des bruyères. On n'en trouve plus par conséquent dans les terrains en culture.

On peut s'expliquer comment, malgré la végétation active des bruyères sur les terrains contenant de l'argile, il ne s'y forme pas de limonite. D'abord il manque le fer, un des éléments constitutifs ; en outre, la limonite se formât-elle, les eaux pluviales retenues sur la couche d'argile contiennent toujours de l'ammoniaque, et précisément l'ammoniaque est le réactif le plus efficace pour dissoudre la limonite.

La limonite étant surtout formée d'oxyde de fer et d'acide humique, on s'explique sa formation en forme de stalactites sur les racines de bruyères, et sa coloration plus foncée près de la surface du sol où l'acide humique se trouve en plus grande proportion.

La limonite se forme naturellement sur les *tumulus* ou *tertres de géants*, élevés aux époques préhistoriques, et sur les dunes qui ont cessé de se déplacer, et qui, par suite, sont couvertes de bruyères.

Les parties planes du Jutland ne sont pas toutes entièrement couvertes de landes. Sur les bords des *fjords* ou golfes, l'action des eaux a enlevé le sable supérieur, et un assez grand nombre de terrains ont été mis en culture grâce au voisinage de l'argile et de la marne. Quant aux vastes plaines du Jutland, c'est là qu'on trouve la plus grande partie des landes danoises qui contient encore une surface de plus de 70 milles carrés (397,110 hectares).

Le système de collines qui occupe la moitié occidentale du Jutland s'appelle la région des îles montueuses ; ces collines sont environnées de terrains plats et de *fjords* qui communiquent avec la mer et donnent à cette contrée l'aspect d'îles éparses au milieu d'une mer de sable ou d'eau. La partie orientale du Jutland a une pente beaucoup plus prononcée et est formée de collines de cailloux roulés mêlés d'argile, qui occupent environ le quart de la superficie, et de collines de cailloux roulés et de sable, qui se trouvent entre les premières et les grandes plaines.

Sur les collines argileuses, on ne trouve plus de landes, tout le terrain est mis en culture. Les collines de cailloux roulés et de sable se composent de terre grasse et de sable mélangés en proportions variables. On y rencontre des marnières et quelques landes peu propres à la culture, mais où les plantations forestières réussissent à merveille.

La constitution du sol des îles montueuses est encore plus variable ; on y trouve de la terre fortement argileuse cultivée partout, des sables argileux couverts de landes ou dont la plantation en forêts est en cours d'exploitation ; enfin de la terre sablonneuse et maigre qui ne vaut pas mieux que celle des grandes plaines.

Dans les régions montueuses on peut estimer la superficie des landes à 30 milles carrés (170,190 hectares).

L'aspect de la partie orientale diffère complétement de celui des plaines. Composition du sol variable, forme dentelée des paysages, peu d'étendue des cours d'eau, pas de marais ni d'eaux stagnantes : tels sont les caractères du versant Est ; les grandes rivières sont toutes sur le côté opposé.

Culture des landes. — La mise en culture des landes est subordonnée à diverses conditions. Il faut d'abord que la lande se trouve sur un sous-sol quelque peu argileux, exempt de limonite, ou sur une couche épaisse de terreau, comme cela a lieu pour les landes marécageuses. Les terrains de cette nature ont été les premiers exploités, et la mise en culture a été poussée avec une telle activité qu'on trouverait difficilement aujourd'hui à s'en procurer.

Il reste cependant encore un grand nombre d'excellents marécages, mais leur desséchement entraîne des frais considérables qui ne sont pas toujours à la portée d'un seul exploitant et ne peut guère être entrepris que par des sociétés. La culture des landes a cependant fait des progrès immenses depuis vingt ans, grâce à la

confection des routes et des chemins de fer. Un vaste réseau de
chemins de fer se ramifie à travers le pays ; les bailliages travaillent
avec ardeur à l'établissement de routes départementales ; les cantons enfin améliorent leurs chemins vicinaux. Tous les endroits
qui sont reliés plus ou moins directement aux voies ferrées sont
en culture, il ne reste d'improductifs que les terrains trop éloignés.

La marne joue un rôle important dans l'agriculture danoise. On
la trouve assez communément dans la région des collines, mais
dans les plaines, on ne la rencontre, comme nous l'avons dit plus
haut, que près des rivières, dans les endroits où le sable entraîné
par les eaux l'a mise à découvert. La Société des landes fait de
grands sacrifices pour se procurer de la marne ; elle en fait rechercher de tous côtés ; il s'est formé en outre une société pour établir des voies ferrées à bon marché, afin de transporter cet utile
amendement de la carrière aux terres pauvres en marne.

La culture des plaines est intimement liée à la production fourragère ; cette question est résolue par l'établissement de prairies
perpétuelles le long des rivières ; ces prairies sont irriguées. La
Société des landes a entrepris l'irrigation des prés qui bordent les
grandes rivières, et depuis douze ans, elle a fait construire 36 milles
(270 kilomètres) de canaux ayant une largeur de 10 à 35 pieds
(3 à 11 mètres).

La Société dresse les contrats des entrepreneurs d'arrosage, distribue l'eau aux consommateurs, et remplit envers eux le rôle d'ingénieur hydraulicien. Les entrepreneurs ne paient aucun frais pour
ces entremises, mais l'installation première est à leur charge.

Il y a encore beaucoup à faire au point de vue de l'irrigation,
aussi la Société a-t-elle créé une école d'élèves hydrauliciens à
laquelle est annexée une station d'expériences. Pendant plusieurs
années, la Société a décerné des récompenses aux meilleures irrigations.

Toutes les eaux ne sont pas également propres aux arrosages ;
celles des grands cours d'eau sont préférables ; c'est grâce à elles
qu'on obtient des prairies produisant de deux à quatre charges de
foin, soit 60 livres danoises par Tœnde Land. L'eau des ruisseaux
contient moins de matières fertilisantes ; on l'emploie cependant ;
on ne rejette absolument que l'eau des marais.

L'irrigation se fait encore d'une façon un peu imparfaite, on ne
tient pas assez compte de la différence entre l'arrosage et l'imbi-
bition du sol ; l'étanchement n'est pas toujours suffisant, et l'on
arrose souvent à froid. Depuis quelque temps, on a cependant
appliqué l'irrigation au moyen de vannes dans les bailliages de Ribe
et de Vejle.

Les prés occupent en Jutland une surface totale de 310,000 T. L.
(171,000 hectares) sur lesquels 70,000 T. L. (38,000 hectares) sont
irrigués.

La culture des marais n'a pas encore pris une grande importance, bien que les plaines renferment environ 25 milles carrés

(141,825 hectares) de marais et marécages dont le sol contient des éléments nutritifs en aussi fortes proportions que celui des marais bien connus du Hanovre et de la Hollande où les systèmes de culture de Rimpau et Fenne ont éveillé l'attention des agriculteurs. La Société des landes s'est empressée de faire publier des mémoires sur ces procédés, et il semble que depuis quelque temps l'idée d'exploiter les marais ait pris consistance.

La culture dans les landes ressemble peu à celle des bonnes terres : sur les terrains sablonneux et maigres, surtout ceux qui contiennent une certaine quantité de limonite, on ne sème que le seigle danois; on cultive aussi un peu de sarrasin et de pommes de terre. L'orge et l'avoine n'y poussent pas. On n'y fait pas non plus de prairies; lorsque la terre, après une fumure, a donné trois ou quatre récoltes médiocres, on la laisse en friche pendant huit ou dix ans, et les moutons vont y chercher un maigre pâturage.

On cultive l'orge et l'avoine dans les oasis de terre marécageuse qui occupent les bas-fonds disséminés dans les plaines; c'est là aussi qu'on établit des prés permanents pour le bétail. On a essayé la culture du lupin qui ne réussit pas sur les terres qui contiennent de la limonite. Dans ces plaines déshéritées, la culture est surtout pastorale, et l'estimation des fermes se fait d'après la valeur des pâturages.

Sur les îles montueuses, les landes ont un sous-sol un peu argileux, exempt de limonite, aussi la culture est-elle plus en progrès; on fait du seigle, de l'avoine, un peu de sarrasin et de pommes de terre, quelques racines, des navets principalement. La culture du lupin s'est étendue surtout dans la partie sud du Jutland oriental, on augmente aussi la sole de fourrages. Dans les meilleures portions des îles montueuses, la culture est presque aussi intensive que dans les bonnes terres à l'est du Jutland.

Les fermes landaises avaient jadis une grande étendue, de 100 à 1,000 Tœnder Land (55 à 550 hectares); depuis 1848 les terres ont été morcelées et les fermes ont diminué d'importance; on trouve cependant encore des exploitations de plus de 100 hectares et des petites fermes de 25 à 30 hectares. Tout n'est pas cultivé, il faut bien le dire ; une grande partie des terres reste couverte de landes qui servent de parcours aux moutons ; on y recèpe les bruyères qu'on emploie comme litières et même comme fourrages, on extrait enfin de la tourbe pour le chauffage.

Le cheptel vif d'une ferme bien exploitée se compose en général de dix à quinze petites vaches, de cinq à dix veaux ou génisses, de vingt à cent moutons de la race des landes et de quelques chevaux dont le nombre tend à s'accroître journellement.

Nous avons déjà dit que la superficie des landes, sans compter les dunes, s'élevait environ à 100 milles carrés. Nous venons de voir qu'une partie était en culture et déjà améliorée par le travail de la charrue. Quelle quantité pourra-t-on encore conquérir sur les landes au profit de l'agriculteur? Il serait difficile de le dire

exactement. On peut estimer néanmoins que **70** milles **carrés ne
seront** jamais aptes à la culture proprement dite; c'est sur cette
étendue que devront se porter les essais de reboisement.

Reboisement des landes. — Les plantations sur les landes ont jusqu'ici fait moins de progrès que la culture proprement dite, et
cela se comprend. Les produits agricoles se récoltent à courte
échéance, tandis que les avances en plantations sont à long terme.

Les terrains où le reboisement a été tenté sont d'abord des bandes
de terres sans limonite appartenant aux régions des collines, de
constitution sèche et sablonneuse, mais dont la culture à la charrue
serait peu profitable à cause de l'éloignement des centres habités.
C'est à cette catégorie qu'appartiennent la plupart des plantations
de la Société des landes.

Puis viennent les landes dites *sables intérieurs*, couvertes de
bruyères et aussi sans limonite ; on les rencontre éparses dans
l'ouest du Jutland ; ce sont de bons terrains de reboisement.

Il existe un certain nombre de plaines où les terres sèches sont
privées d'acides végétaux et dans lesquelles la formation de la limonite ne s'est pas encore développée, ou n'a atteint qu'une épaisseur de deux à quatre pouces. Ces landes sont également propres
aux plantations. On trouve enfin des landes sèches où la couche
de limonite est épaisse de six pouces. On ne peut pas les considérer
comme très-aptes à être transformées en forêts ; on les a négligées
jusqu'aujourd'hui, il est cependant probable que dans un avenir
peu éloigné ces landes seront boisées. La moitié au moins de la
superficie occupée par les landes n'a aucune des qualités requises
pour le sol arable ; on a cependant une certaine tendance à le défricher à la charrue ; mais en présence des résultats négatifs de la
culture, il est à présumer qu'on procédera partout par la méthode
de reboisement qui donne des bénéfices plus certains.

Il y a environ 800 ans, peut-être plus, la plus grande partie des
landes était couverte de forêts ; outre les souches de chêne et de
pin qu'on retrouve dans les tourbières et les drageons de chêne qui
poussent en maints endroits, la preuve en serait fournie par les
noms de plusieurs centaines de localités, dont l'appellation comprend les mots : forêt, bois, bosquet, bocage, bouleau, tilleul,
chêne, etc. On trouvait encore des bouquets de bois assez considérables, il y a deux ou trois cents ans ; aujourd'hui tout a disparu.

Il y a 80 ans que le gouvernement a commencé des plantations
dans les landes sur 14,223 T. L. (7,843 hectares, 40 a. 68 c.). La
réussite exceptionnelle d'une grande partie de ces reboisements
prouve que les landes peuvent se couvrir de nouveau de forêts.
Ces travaux ont résolu le problème de l'utilisation des landes, car
la plantation de pareils terrains est hérissée de difficultés. La population de la zone qui comprend les landes ne prit aucune part
au reboisement jusqu'à la fondation de la Société danoise des
landes en 1866. Cette Société dirige les plantations en partie gratuitement, en partie moyennant une faible rétribution ; et grâce à

son aide, les propriétaires ont pu, dans l'espace de douze années, consacrer 14,540 T. L.' (8,020 hectares) aux reboisements.

Ces travaux se sont ainsi répartis :

551	en hectares	1868
2192	—	1871
5902	—	1874
8020	—	1877

L'association a créé des pépinières pour livrer à bon marché les plants destinés à la vente ; elle a fait même souvent des répartitions gratuites de ces plants ; elle publie continuellement des instructions sur les meilleures méthodes à employer ; aussi la connaissance des faits physiologiques est-elle entrée dans le domaine public, et les paysans, qui étaient rebelles à ce mode d'amélioration des landes, commencent-ils à l'accepter sans opposition.

Aujourd'hui, la presque totalité des terrains boisés du Jutland se trouvent sur la côte Est et occupent les collines et les îles montueuses, tandis qu'on voit à peine de forêts dans les plaines. On verra par la suite le contraire se produire ; à mesure que les plaines incultes se couvriront de forêts, les collines entières seront rendues à la culture.

Les bois prennent un développement assez rapide dans le Jutland occidental, sauf cependant sur les côtes de la mer du Nord où les vents mettent obstacle à leur végétation. On peut néanmoins y faire venir les plantes à feuilles aciculiformes, le sapin rouge notamment. La présence de la limonite n'est pas un empêchement absolu à la sylviculture, surtout lorsque le terrain peut être défoncé à la bêche ou à la charrue jusqu'à 45 ou 50 centimètres de profondeur, ce qui peut se faire presque partout. Depuis quelque temps, on défonce le sol à l'aide de la charrue Réol, on aère à fond la couche de terreau de bruyère et l'on associe le pin au sapin, dans le but de protéger cette dernière espèce contre l'effet du climat et surtout l'action parasite de la bruyère. Dans les terres pauvres, on plante de préférence le pin, surtout le pin de montagne, *Pinus sylvatica*, au sapin, *Pinus abies*, quoique ce dernier réussisse également lorsqu'il est bien tenu.

L'espèce principale employée dans les reboisements est le sapin rouge, *Picea excelsa* plus ou moins associé au pin. Les pins, le *P. sylvestris* et le *P. montana uncinata*, sont surtout plantés en vue d'un abattage vers la vingtième ou la trentième année. Les zones sous le vent regardant l'ouest et le nord-ouest sont généralement plantées en sapin blanc robuste, *Picea alba*, et en pin des montagnes. Dans les terrains bas et neufs, on emploie de préférence le sapin noble, *Pinus abies pectinata*, et en petite quantité, le sapin de Lord Weimouth, *Strobus americana*.

Les arbres à feuilles larges ne prospèrent pas dans les landes à bruyères ; mais si la terre est cultivée depuis quelque temps,

comme dans les jardins qui entourent les habitations, on réussit
fort bien à obtenir de très-beaux arbres. Dans les terrains un peu
bas, on voit de beaux frênes, des ormes robustes ; les aunes, *A. incana* et *glutinosa*, viennent bien sur des sols humides ; le peuplier
blanc, *P. canescens*, le bouleau, les sorbiers, *Sorbus acuparia* et *S.
scandica* et les saules, surtout le saule blanc et le *Salix Smithiana*
réussissent bien dans les terrains plus maigres et secs. Dans les
premiers reboisements faits au moyen d'espèces résineuses, on a
commencé à remplacer le sapin par le hêtre, *Fayus sylvatica*, et le
succès paraît assuré.

Dunes. — Les dunes du littoral s'étendent le long du rivage de
la mer du Nord depuis le cap Skagen jusqu'à Skallingen ; elles se
continuent à partir de ce point en longeant le littoral à l'ouest de
Fanoe et Manoe pour atteindre la frontière du pays. On a pu les
contenir au moyen de deux plantes, l'*Elymus arenarius* et le *Triti-
cum repens*, mais à la pointe septentrionale du Jutland, au nord
de Hjorring et de Frédérikshavn, on trouve encore de vastes espaces de sables dénudés qui se couvrent continuellement, quoique avec une extrême lenteur, de végétation dans la direction de
l'ouest à l'est.

Le terrain des dunes ne se compose pas entièrement de monticules, les espaces horizontaux qui les séparent sont couverts
d'herbes et même de plantes arborescentes où les moutons trouvent un très-bon pâturage. Les dunes sont formées de sable de rivage
fin et blanc, qui ne renferme que de très-petites quantités de chaux,
d'argile et de mica.

Depuis 1859, l'État et les bailliages ont uni leurs efforts pour boi-
ser les dunes avec des plantes résineuses ; les essais ont été faits
sur plus de 800 hectares, et bien que les expériences ne soient
pas terminées, on peut affirmer qu'on obtiendra d'excellents résultats de l'emploi du sapin blanc ou larix, *Picea alba* et du *Pinus mon-
tanus*. Les autres essences ont moins bien réussi. Le sol paraît contenir assez de sucs nourriciers pour le sapin blanc et le pin de
montagnes, mais le sable blanc soulevé par les brises frappe les
troncs et les feuilles et cause aux arbres de grands dommages.
On a pu s'opposer à ces ravages en plantant des bruyères qui ont
fixé le sable ; malgré ces précautions, sur le versant occidental et
sur le sommet des dunes, la violence du vent a arraché les bruyères
et dans quelques endroits des plantations d'arbres ont été détruites.
Il faudra beaucoup d'énergie et une grande persévérance pour é-
tablir un boisement continu.

L'agriculture du pays des dunes est en complète décadence. Çà
et là pourtant, dans quelques bas-fonds, on aperçoit de belles récoltes. Elles appartiennent à des pêcheurs qui se servent de leurs
débris de poissons comme engrais et arrivent ainsi en certains endroits à changer la physionomie de cette triste contrée.

Le défrichement des landes n'a guère commencé qu'en 1848 ;
depuis cette époque, et surtout depuis 1864 où cette opération

a été conduite avec une grande activité, l'étendue des landes a diminué de 18 p. 100. Nul doute qu'on ne continue avec le même empressement un travail facilité d'ailleurs par l'établissement des chemins de fer et du réseau de routes qui sillonnent aujourd'hui les landes.

Société des landes. — La Société danoise pour l'exploitation des landes a été fondée en 1866 sur l'initiative de cent propriétaires du Jutland. La société avait pour but la fertilisation des landes et se proposait d'employer comme moyens d'action :

1° Des conseils gratuits en matière de technologie ou de jurisprudence ;

2° La formation d'ingénieurs hydrauliciens et la fondation de sociétés pour propager les irrigations;

3° Des instructions sur la plantation des arbres, les lois relatives aux forêts, aux associations, etc. ;

4° L'établissement de pépinières pour distribuer à bon marché et même gratuitement des plants et des graines;

5° L'exploitation des marnières ;

6° Des publications concernant la sylviculture, les irrigations, la culture des marais et toutes les questions qui se rattachent à l'amélioration des landes.

Les dépenses de la Société ont été jusqu'ici couvertes par les recettes qui se composent de la cotisation annuelle des membres, 4 kroner (5 fr. 56) au minimum et d'une allocation de l'État. En 1876, la Société comptait 3,204 membres et un revenu de 48,176 kroner (66,965 fr.). Elle est administrée par trois présidents et un conseil de vingt membres. Son siége principal est à Aarhus.

Tous les ans, la Société publie un compte rendu de ses travaux. Elle a publié également les ouvrages suivants de M. E. Dalgas, ingénieur et administrateur de la Société, qui donnent une description détaillée de l'état actuel de la question :

Illustrations géographiques des Landes, 2 vol..........	1868, 1870
Instructions sur le reboisement des Landes............	1868
Défoncement des terres (système Réol)...............	1872
Voyages dans les terres du Hanovre...................	1873
Guide pour l'organisation des petites plantations......	1875
Marais des Landes et terrains marécageux.............	1876
De l'irrigation des prés.............................	1877
Des plantations et du sol des Landes dans le Jutland..	1877

La Société possède en propre la pépinière de Herning; l'établissement fondé pour l'irrigation des prés à Hesselvig, d'une contenance de 800 T. L. (440 hectares); à Berkebœk et à Nœrlund, des plantations de 380 et 660 hectares. C'est sur ces propriétés que sont faites les expériences entreprises par la Société des landes.

ENDIGUEMENTS, DRAINAGE, DESSÉCHEMENTS.

Le Danemark, dont la surface se compose de plaines ondulées et dont la ligne de faîte atteint à peine 125 mètres au-dessus du niveau de la mer, lutte sans cesse contre les eaux pour augmenter et même pour défendre son territoire. Par sa situation entre deux mers, avec les îles qui forment une grande partie du pays, le Danemark a un développement de côtes tellement considérable que, défalcation faite des *fjords* ou golfes profonds qui s'avancent dans les terres, il n'y a pas trois kilomètres carrés de superficie par kilomètre de côtes. En outre, les rivages bas sont continuellement attaqués par les lames; et si la mer apporte des matériaux quand elle remblaie les profondes échancrures des fjords, ce ne sont que de faibles dédommagements à ce qu'elle enlève. Depuis les temps historiques, des bandes de terre d'une grande étendue ont été balayées par les eaux.

D'un autre côté, si les plaines du Danemark ne sont point menacées d'inondations périodiques par les fleuves, comme cela a lieu en France, une nappe d'eau stagnante qui pénètre le sous-sol refroidit la terre arable et exerce un influence pernicieuse sur les couches où pénètrent les racines dont le développement se trouve bientôt arrêté. De vastes contrées sont restées longtemps improductives à cause du mauvais effet de l'extrême humidité, au moins jusqu'au commencement du dix-neuvième siècle où l'on a commencé à se préoccuper de l'assainissement des terres et de l'écoulement des eaux.

Dès qu'on fut entré dans cette voie, les progrès ont été rapides; nous pouvons dire que depuis dix ans surtout on a obtenu de fort beaux résultats, soit dans les travaux d'endiguement pour s'opposer à l'envahissement des eaux de la mer, soit dans les travaux de drainage destinés à écouler l'eau surabondante du sol. Et pourtant il reste beaucoup à faire.

Protection des côtes au moyen de digues et de jetées. — Le 13 novembre 1872, par une tempête du sud-est, la mer inonda une grande partie des îles basses Laaland et Falster où elle atteignit un niveau dépassant de deux à trois mètres la hauteur des grandes eaux ordinaires. On s'aperçut alors que le moyen de protection appliqué aux côtes était insuffisant et le gouvernement et les particuliers travaillant de concert, on vient d'achever la construction de 85 kilomètres de digues d'une hauteur de 3 à 4 mètres, s'élevant en quelques endroits à 4^m,40. Le prix moyen du kilomètre est de 40,000 francs. Par suite de cette mesure, 22,000 hectares de terrains, où sont élevés des bâtiments d'exploitation, sont à l'abri d'un nouveau désastre. Sur d'autres points des côtes du Danemark, bien qu'on n'ait pas à combattre des inondations aussi soudaines, il faut lutter contre l'incessant empiètement de la mer. Il en est ainsi au sud de Laaland et Falster, et tout le long de la côte occidentale du Jutland. Sur cette côte, la mer enlève chaque année une bande de 4 mètres, soit environ 150 hectares. On a bien commencé des jetées en divers endroits, mais ces constructions sont encore trop récentes pour qu'on puisse affirmer que leurs assises résisteront à l'action de la mer.

Endiguements. Remblais. Régularisation de l'écoulement des eaux. — Si, d'un côté, l'envahissement des eaux fait perdre de 150 à 300 hectares de terrain, d'un autre côté, l'endiguement des anses et des fjords accroît dans de grandes proportions les espaces cultivés. On emploie deux méthodes pour arriver à ce résultat. Dans quelques fjords, et sur la côte ouest du Jutland, où ont été construites des digues, on laisse à la nature seule le soin de reconstituer le sol. On oppose des obstacles à l'écoulement rapide des hautes eaux; les particules argileuses désagrégées se déposent, et finissent par former au bout d'une vingtaine d'années une couche qui s'élève au-dessus des inondations, où l'on peut créer des pâturages utilisables.

Dans beaucoup d'autres endroits, on se sert de la force du vent, et surtout de la vapeur, pour faire mouvoir des engins d'épuisement et maintenir à sec les espaces endigués. Il faut, pour opérer dans de bonnes conditions, pouvoir enlever de six à huit millimètres d'eau, soit 60 à 80 mètres cubes par hectare en vingt-quatre heures; en thèse générale, il faut arriver à maintenir le niveau de l'eau à un mètre au moins au-dessous du sol. On obtient ce résultat au moyen d'une force de 12 à 16 chevaux par mille hectares.

Par le premier procédé, on a conquis environ 1,000 hectares sur la mer, tandis qu'au moyen des épuisements on a pu en mettre en culture et en prairies plus de 28,000 hectares.

La question de l'écoulement des eaux a encore beaucoup de progrès à faire surtout au point de vue de l'intérêt des tiers. La législation contient beaucoup de lacunes qu'il est difficile de combler. Il faut, en effet, donner satisfaction à l'intérêt général sans apporter de trouble à la jouissance de chaque particulier. C'est à Seeland qu'à cet égard on a le mieux résolu la question en laissant aux conseils départementaux le droit d'initiative et le soin de régler le cours et le niveau des grandes rivières.

Grâce à la façon méthodique avec laquelle ont opéré les conseils, environ 15,000 hectares, c'est-à-dire 2 p. 100 environ de la surface

de l'île ont été définitivement conquis et livrés à une culture perfectionnée.

La superficie des lacs du Danemark était estimée, il y a vingt-
cinq ans, à 50,000 hectares, soit environ 2 p. 100 de la surface
cultivée. Depuis cette époque, soit au moyen de saignées d'écoulement, soit par épuisement, 10 à 12,000 hectares ont été transformés
en prés très-fertiles.

Drainage. — Les bienfaits du drainage envers l'agriculture danoise sont d'une telle importance qu'ils laissent bien loin derrière
eux ceux des travaux que nous venons de mentionner. Il est facile
de comprendre de quel effet immédiat devaient être suivis les drainages dans un pays humide et froid comme le Danemark où l'on
devait chercher avant tout à réchauffer le sol, au lieu de laisser sa
surface se refroidir par l'évaporation des eaux.

Les premiers essais de drainage ne remontent pourtant pas très-
loin ; c'est en 1853 qu'ils ont été faits simultanément chez MM. Va-
lentiner, conseiller d'État, propriétaire en Seeland, Tesdorph, conseiller d'État, propriétaire à Falster, le comte Frÿs Frÿsemborg,
propriétaire dans le Jutland. C'est à l'initiative de ces agriculteurs
que le Danemark est redevable des immenses progrès qui ont été
accomplis depuis. La Société royale d'économie agricole a reconnu
aussitôt l'importance de la question, elle a fait instruire des élèves
ingénieurs, et employé tous les moyens de propagande pour faire
appliquer la méthode. Grâce à ces efforts et aux résultats dont l'é-
vidence apparut à tout le monde, les connaissances pratiques se
sont vite répandues dans le pays. Le gouvernement a encore aidé
au succès rapide du drainage en édictant une loi qui oblige les voisins à recevoir les eaux provenant des terres drainées situées à un
niveau supérieur.

On a fait, en commençant, de nombreuses fautes. La situation
climatérique, les exigences des plantes par rapport à la plus ou
moins grande humidité, la direction à suivre pour les travaux ; tout
cela constituait autant de conditions encore inexpliquées. On s'est
contenté d'abord de drainer à un mètre, avec des tuyaux d'une di-
mension trop faible, sans se préoccuper de la nature et de la composition des terrains au point de vue de l'espacement des drains.

On est arrivé à conclure aujourd'hui qu'il faut pouvoir enlever
cinq millimètres d'eau par jour pour que les récoltes n'aient pas à
souffrir pendant la saison humide, et que les plus petits tuyaux ne
doivent pas avoir un diamètre moindre de 40 millimètres. La
profondeur des tranchées est de 1^m,25 au moins, et de 1^m,50 dans
les sols d'argile grasse. On emploie en moyenne 550 mètres de
drains par hectare, qui reviennent tout posés à 30 centimes le mètre, soit une dépense de 165 francs par hectare. Lorsqu'on rencontre des obstacles, les frais peuvent monter à 250 francs ; en résumé
celui qui veut entreprendre des travaux de drainage doit compter
sur une dépense éventuelle de 175 francs par hectare.

L'exposé fait par le professeur Coldings des lois suivant lesquelles

se meuvent les eaux dans le sol, a été d'un grand secours à l'art
du drainage en établissant des bases scientifiques ; ce sujet a été
repris depuis dans un ouvrage couronné par la Société royale
d'économie rurale et dont l'auteur est M. Hannemann, ingénieur.

Les surfaces drainées s'augmentent chaque année. On peut estimer que 1,500,000 hectares des terres du Danemark ont besoin
de drainage. Or, en 1876, on en avait déjà drainé 350,000 hectares ; cette amélioration se continue à raison de 40,000 hectares par an. Aujourd'hui, en 1878, le travail est achevé sur le tiers
environ des terres humides.

En résumé, depuis vingt ans, la surface des terres cultivées du
Danemark s'est augmentée de 60,000 hectares. Ces terres conquises
sur les eaux par divers moyens représentent 2 p. 100 de la superficie en culture.

On avait, en 1876, drainé 13 p. 100, et en 1878, 16 p. 100 des terres cultivées ; soit environ 32 p. 100 des espaces ayant besoin de
drainage.

L'agrandissement des terrains a coûté 40 millions de francs, et
les drainages 70 millions ; jamais capitaux mis au service de l'a-
griculture n'ont été mieux employés et n'ont donné d'aussi beaux
revenus.

AGRICULTURE, ASSOLEMENT, ENGRAIS

Les étrangers qui étudient l'agriculture du Danemark ont peine à comprendre comment, à notre époque, on conserve encore dans ce pays le système des jachères et des pâturages temporaires. Quels que soient les progrès accomplis dans ces derniers temps, on peut s'étonner de voir se succéder des plantes à feuilles étroites, comme les céréales, sans qu'on les alterne par des végétaux à larges feuilles, et l'on peut dire qu'il serait désirable qu'on entrât dans une voie plus intensive.

Il est vrai que les étrangers ne se rendent pas toujours compte des raisons qui ont déterminé l'agriculture danoise à rester aussi conservatrice ; ce qui a été certainement fort heureux pour le pays. Il n'y a pas toujours avantage à aller très-vite en culture, et l'on doit établir une juste harmonie entre les forces que l'on fait agir.

La prudence des cultivateurs danois a été reconnue et proclamée par quelques auteurs de mérite ; entre autres par M. Jenkins, secrétaire de la société royale d'Angleterre, en 1876, et surtout par M. Tisserand, qui a visité le Danemark en 1864, et qui a parfaitement compris et jugé l'économie des exploitations rurales de cette contrée.

Si l'industrie agricole est lente à se développer, l'histoire de ses transformations n'en est pas moins intéressante, et nous allons les examiner en nous bornant aux traits qui ont eu une influence directe sur les perfectionnements réalisés dans la période actuelle.

Les progrès accomplis pendant le siècle dernier dans l'Europe occidentale, en Flandre et en Angleterre principalement, n'ont pas aidé au développement de l'agriculture danoise; au contraire, l'avilissement du prix des denrées, conséquence naturelle de rendements plus considérables, a eu son contre-coup dans le Danemark où régnait la misère parmi les paysans.

Le paysan danois n'avait aucune indépendance. Il vivait complétement sous la domination du seigneur. Attaché à la glèbe dès sa naissance, il était tenu d'affermer une terre taillable quelconque, aux conditions prescrites par le seigneur, et d'exécuter tous les travaux de corvée qu'il exigeait de lui. La propriété libre

6

n'existait pas. La corvée indéterminée et la communauté de la terre s'opposaient à tout progrès.

Les seigneurs possédaient cependant en propre leur fief et les terres qui en dépendaient ; ils n'avaient en commun avec les paysans que les bois et les pâturages ; mais le sol arable était tellement divisé que les terres cultivées de chaque domaine se trouvaient en vingt ou trente endroits différents, en petits lots de forme irrégulière, situés jusqu'à un mille (7 kilom. 50) de distance des bâtiments agglomérés en villages.

La corvée indéterminée, dont usaient rigoureusement les seigneurs pour l'entretien des routes ne permettait pas au paysan d'entreprendre un travail régulier. La copropriété du sol était un obstacle aux améliorations, à moins qu'elles ne fussent entreprises en commun par tout un village ; en outre les paysans, enlevés à chaque instant à leurs travaux, ne pouvaient récolter de bons grains, les mauvaises herbes se propageant d'une pièce à l'autre sur des champs longs et étroits. Aussi à la fin du dix-huitième siècle, l'agriculture danoise était-elle encore très-primitive.

Le système de culture usité, *Trevangsbruget*, consistait en deux années de grains, seigle et orge, et une année de jachère pure.

Sur les îles, l'assolement n'était que de deux ans ; les plantes cultivées revenaient perpétuellement sur les mêmes terrains. Ce système ne permettait de recueillir que très-peu d'engrais, fourni par de chétifs animaux paissant sur des terrains vagues, sur les prés communaux ou dans les bois. Les seules terres fumées étaient celles qui avoisinent les villages ; quant aux autres, dès qu'elles paraissaient fatiguées et qu'elles cessaient de produire des récoltes, on les laissait reposer. Le rendement moyen en grains ne dépassait pas 12 hectolitres par hectare.

Quelques domaines seigneuriaux ont donné des rendements plus élevés, mais comme, en général, le travail des champs était exécuté par les paysans corvéables à l'aide de leurs faibles animaux et d'instruments imparfaits, il a été fait peu de progrès depuis le moyen âge jusqu'au XVIIIe siècle. On a même commis la faute de défricher petit à petit les prairies pour les mettre en culture, surtout sur les îles, et, tandis que dans le Jutland on conservait une sage proportion entre les terres cultivées et les prairies naturelles, sur les îles les défrichements ont, à certaines époques, amené une véritable disette pour les bestiaux.

Les chevaux et les bœufs de travail étaient de très-petite taille, ils devaient chercher leur nourriture dans des champs éloignés du centre du travail, mener des instruments défectueux, traîner de lourds charriots sur des routes mal entretenues, aussi était-on obligé d'en entretenir un nombre peu considérable que ne le comportaient les superficies cultivées. Sur une exploitation de 40 à 50 Tœnder Land (22 à 27 hectares), on comptait généralement de 9 à 10 chevaux et seulement de 4 à 5 vaches.

Vers le milieu du siècle dernier, quelques propriétaires introduisirent le trèfle dans leur assolement. Mais les véritables progrès ne datent que des grandes réformes établies par la législation agricole de 1784 à 1792. Les liens des esclaves furent rompus, la propriété commune cessa d'exister, les terres furent divisées, et la corvée abolie.

L'État et quelques grands propriétaires donnèrent un très-bon exemple en transformant le bail à vie en propriété libre. Les champs furent entourés pour empêcher les déprédations des bestiaux, enfin on introduisit la jachère dans l'assolement. Les progrès furent toutefois peu sensibles et malgré les exemples de quelques métayers qui avaient doublé six fois leur capital en dix ans, les réformes ne s'opèrent que très-lentement, tant est grande la ténacité des paysans.

Il y eut cependant un mouvement très-marqué malgré les guerres en 1818 et 1819, mais à cette époque l'agriculture de l'Europe occidentale avait accompli de réels progrès. L'augmentation de la production et la baisse des produits agricoles qui en a été la conséquence frappèrent d'autant plus rudement le Danemark que ce pays était au début de ses améliorations ; aussi de 1820 à 1830 on signale une réaction très-prononcée, à ce point qu'en 1826 on vendit de vastes et fertiles domaines pour cause d'arrérage des taxes ; les propriétaires ne retiraient rien de terres dont ils devaient quand même payer l'impôt.

Ce n'est qu'à partir de 1830 que s'ouvre l'ère véritable des progrès, et ces progrès ont été si frappants que, pris dans leur ensemble, ils n'ont été nulle part plus considérables. Aujourd'hui, le mode de culture le plus généralement usité en Danemark est l'assolement de l'Allemagne du Nord. Ce n'est que progressivement qu'on a réformé l'ancien système, en passant, pour arriver à l'assolement alterne, à un procédé mixte « *Kobbelbrug* » caractérisé par la jachère nue et une sole de trèfle et de fourrages durant plusieurs années (1).

Un progrès qui a commencé à se réaliser avec le siècle, c'est le remplacement par la charrue à bascule anglaise du lourd instrument dont on se servait jusque-là, et qui réclamait l'emploi de trois hommes et quatre à six chevaux, ou six à huit bœufs.

L'adoption de la charrue actuelle sans roues, que peuvent conduire deux chevaux et diriger un seul homme, a permis de réduire considérablement le nombre des attelages au profit du bétail de rente. L'araire à bascule exige de la part des conducteurs plus d'adresse et d'attention que la vieille charrue danoise à roues, elle a forcé les ouvriers à se préoccuper de son maniement, et elle est le point de départ de l'introduction des instruments aratoires

---

(1) **M. Tisserand**, le savant directeur de l'Institut agronomique, a parfaitement caractérisé cette transition dans son livre sur l'agriculture du Danemark publié en 1864. Il est retourné depuis dans cette contrée et il lui a été loisible de remarquer que partout où l'on avait voulu passer trop brusquement du système des jachères pures à l'assolement alterne, on avait éprouvé de sérieux mécomptes, et qu'on avait du en revenir au système pastoral mixte. J. G.

perfectionnés. C'est à la Société royale d'agriculture qu'on est redevable de ce premier progrès ; elle a rendu depuis de nombreux et nouveaux services à la cause agricole.

L'introduction de la jachère et des cultures fourragères dans l'assolement a été une cause évidente d'augmentation des produits. On a pu doubler le bétail entretenu sur chaque exploitation, ce qui a fourni une source considérable d'engrais (1).

Le premier résultat appréciable fut une notable augmentation dans la production du blé. Puis, le marnage et l'épuisement des eaux aidant, on comprit la nécessité de l'emploi des instruments divers ; aussi les terres quelque peu fertiles commencèrent-elles bientôt à donner d'abondantes récoltes de froment, de seigle, d'orge, d'avoine, de pois, de colza et de trèfle. La statistique de l'exportation constate ces progrès, mais c'est surtout après la période de 1830 à 1839 que les résultats sont remarquables.

Pendant vingt-huit ans, de 1820 à 1827, l'exportation des chevaux avait monté de 3,000 à 11,000 têtes ; celle des bêtes à cornes de 16,000 à 32,000 ; les quantités de beurre exportées s'étaient élevées de 4,800 à 74,000 tonnes danoises (5,300,000 à 8,300,000 kilogrammes) par an.

Il faut remarquer que dans les chiffres ci-dessus, le Holstein, surtout pour la production du beurre, occupe la première place. En outre, jusqu'en 1864, les statistiques n'ont pas été établies de manière à fournir la part du royaume de Danemark.

Les progrès réalisés en Danemark sont dus à l'influence des agriculteurs de l'Allemagne septentrionale. C'est de là que les Danois et les cultivateurs allemands qui ont émigré, ont apporté les divers perfectionnements. C'est à l'école du Holstein et du Mecklembourg que se sont formés les praticiens du Danemark.

L'abolition du droit d'entrée sur les grains en Angleterre, en 1849, a donné un nouvel essor à l'agriculture danoise en lui ouvrant un nouveau débouché. Si l'on examine le prix des grains sur une moyenne de vingt ans avant l'abrogation des droits et vingt ans après, on voit que l'hectolitre de blé a augmenté de 4 francs 80 et l'hectolitre d'orge de 1 franc 63.

La culture du blé était presque partout le but principal des exploitations, si ce n'est dans le Jutland où l'on élevait une grande quantité de bestiaux pour les pays bas du Holstein, et dans les endroits où l'on manquait de prairies naturelles, on introduisait des engrais pour rendre à la terre une partie au moins des principes enlevés par la végétation des graines.

Sur la côte Est du Jutland et dans les îles, régions plus fécondes

(1) Un pays comme le Danemark, où dans certaines provinces on rencontre de vastes terres peu fertiles, ne pouvait tout d'un coup accepter la culture intensive qui réclame de gros capitaux. Il était beaucoup plus prudent d'y arriver au moyen de la culture extensive fourragère; les résultats obtenus donnent raison à cette sage doctrine. Il ne faut pas se hâter de juger un système de culture sans bien connaître les causes qui l'ont fait adopter. J. G.

et en état de produire du blé pour le marché, on ne remarquait jusqu'au milieu du dix-neuvième siècle que quelques établissements où l'on donnât aux animaux une nourriture substantielle en quantité suffisante. Les rendements en grains ont cependant sans cesse augmenté ; c'est qu'il y avait dans le sol traité par le système pastoral mixte de grandes ressources en matières organiques. Aussi, pendant les premières périodes d'alternance, les céréales avaient une végétation trop active et versaient presque toujours. Dans certaines fermes, on a voulu s'opposer à cette exubérance de végétation en cultivant du colza avant la sole de blé. On est alors tombé dans l'excès contraire, on a épuisé le sol. On a peut-être en outre abusé de la marne, et le proverbe français : que la marne enrichit les pères et ruine les fils, a eu cours en Danemark.

Au commencement du siècle, une nouvelle cause de progrès est venue s'ajouter à toutes les autres : l'instruction primaire obligatoire décrétée par le gouvernement. Chacun fut obligé, suivant ses moyens, d'acquérir un minimum d'instruction. On s'attacha surtout à former de bons instituteurs, et vers 1850, cette ancienne classe de paysans corvéables, qui avaient subi les mauvais traitements des administrateurs de fermages et se laissaient tutoyer par le dernier commis écrivain, avait complétement disparu pour faire place à une race véritablement renouvelée. C'est de cette époque, à l'issue d'une glorieuse guerre et de victoires remportées sur un trop puissant voisin, de l'année même où la conscience politique s'éveilla chez l'homme du peuple, que date une révolution générale dans l'économie agricole du pays.

Après la malheureuse guerre de 1864, un nouvel et très-vigoureux essor fut donné dans la même direction aux restes épargnés de la monarchie danoise, le royaume actuel.

On peut voir par les statistiques avec quelle promptitude l'agriculture a marché en produisant des engrais qui ont rendu à la terre ce que lui avaient enlevé les périodes précédentes.

M. Tisserand critique avec raison, en 1864, l'exportation presque totale des tourteaux de graines oléagineuses ; mais les choses ont bien changé depuis cette époque. L'importation des tourteaux atteignait déjà à 2 millions de kilogrammes, chiffre qui s'est élevé en 1876 à 19 millions de kilogrammes sans compter 35 millions de kilogrammes de son et 50 millions de kilogrammes de maïs ; en résumé l'exportation du blé s'est maintenue à peu près invariable, tandis que l'importation de substances nutritives pour les animaux a pris une telle extension qu'elle menace de dépasser l'exportation des céréales, ce qui a déjà eu lieu, notamment en 1877.

Les excédants d'exportation portent spécialement sur la farine ; on consomme les sons dans le pays pour la nourriture des bestiaux. On peut se rendre compte de l'accroissement de production des grains par les rendements des trois années suivantes qui ont été de bonnes années moyennes :

1847..	....	16,850,000 hectolitres.
1863...	....	27,120,000 —
1875...	....	27,940,000 —

Les progrès de l'exportation ressortent du tableau suivant :

	ANNÉES	BÊTES à CORNES	MOUTONS	PORCS	BEURRE en KILOG.
Ensemble de la Monarchie	1847	59.000	»	16.700	9.262.400
Royaume et Duchés...	1852	65.290	»	48.848	11.164.944
Royaume de Danemark	1865	42.314	30.225	40.218	4.622.240
seul..................	1875	88.136	66.026	156.000	11.692.688

En indiquant dans ce tableau les résultats de l'année qui a précédé et de celle qui a suivi la séparation, on voit plus clairement quelle est la part des progrès du royaume de Danemark seul. En 1862, la plus grande part dans l'exportation du beurre revenait encore du duché de Holstein où l'exploitation des métairies était beaucoup plus soignée que dans le reste de la monarchie. Le résultat de 1875 qui comporte un chiffre supérieur à celui de 1862 est donc tout à fait remarquable.

L'exportation des chevaux a été très-variable. En 1865, elle était d'environ 4,400 bêtes. En 1870, pendant la guerre entre la France et la Prusse, on exporta 21,000 chevaux, mais les réserves ont été atteintes et l'exportation moyenne est redescendue depuis au chiffre de 10,000 têtes environ.

On fait usage d'engrais concentrés en Danemark depuis 1826, époque à laquelle fut fondée la première fabrique d'os pulvérisés. Pendant longtemps cet engrais et une sorte de poudrette furent les seuls engrais artificiels; il n'y a guère que dix ans qu'on a reconnu la nécessité de se procurer de nombreux engrais complémentaires et qu'on a commencé à en fabriquer avec des produits animaux. On emploie surtout les engrais phosphatés, et malgré le système de culture usité, on peut dire que parmi les pays qui emploient le plus d'engrais artificiels proportionnellement à la surface cultivée, le Danemark vient immédiatement après l'Angleterre, la Belgique et les parties de l'Allemagne où l'on cultive la betterave à sucre.

De 1868 à 1870, la fabrication indigène s'éleva de 7 à 14 millions de kilogrammes; à ce moment on commença à importer de grandes quantités d'engrais commerciaux. On doit l'importation considérable et l'usage qui s'est répandu dans les petites cultures à l'organisation d'une société qui s'est fondée en vue de l'acquisi

tion en commun des engrais artificiels. L'importation s'est élevée
de 11 millions de kilogrammes en 1870 à 21 millions en 1877. Elle
porte spécialement sur des matières premières servant à la fabrication d'engrais dans le pays. Les phosphates surtout sont aujourd'hui d'un emploi général, on a bientôt remarqué leur influence sur l'augmentation et la constance des rendements. En
1870, on employait des engrais contenant de 6 à 7 p. 100 de matières azotées et de 1 à 2 p. 100 de substances alcalines ; plus tard
ces engrais se sont modifiés par l'adjonction de l'acide phosphorique. On a voulu réparer les fautes du passé en augmentant la
proportion des sels nutritifs des plantes confiées au sol, et on s'est
bien trouvé de l'emploi de l'acide phosphorique à l'exclusion du
stimulant qu'apportent les matières azotées (1).

Tel est l'état actuel de l'agriculture danoise. L'assolement pastoral mixte avec jachères prédomine toujours, mais il est commandé par l'étendue des terres en culture. En 1876, la surface
cultivée était de 2,759,641 hectares, parmi lesquels il faut compter
321,572 hectares en prés, pâturages permanents, terres vagues,
etc. Il reste donc 2,438,069 hectares de terres labourables.

Sur cette quantité, on compte 187,909 hectares en jachère pure
et 59,851 hectares de jachères en demi-culture. La douzième partie
du sol environ reste donc chaque année improductive et ne sert
qu'au remaniement de la jachère. Quelques auteurs anglais ont
avancé que le sixième du sol cultivé en Danemark restait en jachère, c'est par suite d'une méprise ; ils n'ont pas compris dans
l'assolement les prairies temporaires qu'ils ont rangées avec les
pâturages permanents.

A l'exception de l'extrême nord et de l'ouest du Jutland, le sol
et le climat du Danemark sont très-favorables à la production des
grains. On récolte dans les bonnes années des blés très-fins qui,
transformés en farine ou vendus en nature, sont très-appréciés sur
les marchés anglais. Il en est de même des orges qu'on recherche
pour la brasserie.

La culture des racines présente certaines difficultés. Les sécheresses du printemps s'opposent souvent à la bonne levée des graines, et les pluies d'octobre et de novembre sont de sérieux obstacles à la récolte et à la rentrée des produits. Dans beaucoup de
fermes, à l'aide d'une grande énergie, on est arrivé à surmonter
ces difficultés ; mais, en général, on s'en tient de préférence à la
production des grains.

Dans l'ouest du Jutland et au nord du Limfjord, où le climat rap-

(1) Nous avons fait de nombreuses expériences desquelles il résulte qu'il y a du
danger à donner trop de matières minérales aux plantes qui évaporent beaucoup,
ces matières se concrétant sur les organes foliacés et s'opposant à la respiration ;
nous avons été amenés à formuler ainsi le résultat de nos expériences : on
doit donner les éléments minéraux aux plantes en raison inverse de leur puissance d'évaporation, sauf toutefois pour l'acide phosphorique, dont les végétaux
peuvent absorber de grandes quantités à la condition que l'azote soit en rapport
proportionnel avec l'acide phosphorique assimilé. J. G.

pelle celui de l'Écosse et de l'Angleterre occidentale, les pâturages de longue durée ont pris une grande extension, l'élevage et l'engraissement des bestiaux l'emportent sur l'industrie culturale proprement dite. La culture des raves et des navets trouve là des conditions favorables ; bientôt elle acquerra sur l'assolement de ces contrées l'influence qu'elle mérite.

Sur les autres points du royaume, où les métayers fabriquent du beurre fin livré en boîtes hermétiquement fermées pour l'exportation dans les pays tropicaux, on ne saurait admettre les racines fourragères de la famille du chou pour l'alimentation des vaches laitières ; tout au plus, emploie-t-on dans certaines limites la betterave et la carotte. Ces nécessités économiques s'opposent à l'extension de la culture des plantes fourragères.

Jusqu'à ce que les betteraves ou les autres racines fourragères prennent une place bien marquée dans l'assolement, on ne peut considérer la jachère nue comme supprimée. D'ailleurs, la culture de la betterave sous le climat du Danemark réclamerait une réforme complète du matériel et des animaux de travail. On ne doit pas oublier que la période de pacage aux champs ne dure que cinq mois sous cette latitude, il faudrait avoir au moment de la récolte de nombreux animaux qu'on nourrirait difficilement plus tard, si l'on défrichait les pâturages permanents.

Le système de culture suivi depuis longtemps a donné des résultats qui se sont améliorés d'une façon constante ; grâce à lui on a pu, de génération en génération, travailler, amender le sol, lui donner les façons d'automne nécessaires aux ensemencements printaniers, se livrer enfin à un travail incessant et infatigable de perfectionnements.

L'introduction des racines dans l'assolement est d'ailleurs le plus souvent impossible à cause des conditions météorologiques du pays ; il serait toujours trop tard pour semer du blé après leur enlèvement. On ne peut cultiver de blé qu'après des pommes de terre hâtives, dans des terrains légers.

On a bien fait quelques essais d'assolements intensifs, mais les rendements des grains d'hiver ont aussitôt baissé, et sauf dans quelques terres saturées d'engrais à la porte des grandes villes, c'est une faute économique que de vouloir supprimer la jachère pure.

Peut-être aurait-on pu augmenter les produits en restreignant la jachère dans une certaine mesure et en adoptant un assolement plus rigoureux ; on peut toutefois affirmer que bon nombre d'établissements agricoles, dans la plupart du district, sont arrivés à leur maximum de rendement pour les céréales à haute tige. La jachère nue est une nécessité pour purger la terre des mauvaises herbes qui sont la conséquence de l'assolement à base de fourrages.

Quant au matériel agricole et aux soins et façons donnés à la terre, on est aussi avancé dans ces établissements que partout ailleurs en Europe. Le capital d'exploitation est aussi élevé que dans les fermes à culture intensive. Cependant on constate un **arrêt** dans la production, malgré les développements donnés à l'entretien du bétail et la réserve des éléments nutritifs accumulés dans le sol. Les dépenses faites et l'intelligence déployée dans les exploitations bien tenues ne trouveront une juste compensation que dans l'utilisation plus sévère du terrain cultivé.

Les remarquables expériences de MM. Lawes et Gilbert de Rothamsted ont démontré combien étaient mal fondées les anciennes théories de l'épuisement du sol, et comment on devait alterner les plantes à larges feuilles avec les végétaux à feuilles étroites. M. Lawes a fait ressortir que la succession des graminées dans les champs de Rothamsted ne donnaient pas des résultats avantageux au point de vue économique.

Il est certain qu'on peut réaliser certains progrès dans ce sens, mais quand on accuse les agriculteurs danois d'être en opposition avec les principes de la science, on ne tient pas assez compte des dangers que présenteraient de rapides modifications dans l'économie des cultures, la suppression d'une grande partie des pâturages temporaires, l'introduction de la culture des racines sous le climat du Danemark, auxquelles viendrait s'ajouter peut-être la stabulation forcée des bêtes à lait pendant l'été.

On a conseillé aux cultivateurs danois la production de la viande qui leur permettrait de faire consommer les racines et de recueillir d'abondants et riches engrais. C'est aller au-devant de leurs vœux. On marche dans cette voie, mais avec une grande réserve, et l'établissement de deux fabriques de sucre prouve combien s'imposent les réformes dans l'économie des cultures.

Assolements. — Les systèmes d'assolement sont assez nombreux, ils ont presque tous pour base les fourrages qui durent plus ou moins longtemps ; deux ans sur les îles ; trois, quatre, ou même cinq ans sur les terrains légers du Jutland. Sur les terrains les plus fertiles, on a cherché à introduire dans la rotation ce qu'on a appelé des plantes potagères, qu'on récolte soit à maturité, soit en vert : un mélange de graminées et de légumineuses, un peu de fèves, de pommes de terre et de raves. Les pois ont été cultivés sur une grande échelle, on y a renoncé à cause de l'épuisement du sol. On les a remplacés par des *semences mêlées* ou bisailles composées de vesce, de pois, d'avoine et d'orge.

Dans certaines parties du Jutland, on cultive l'avoine deux années de suite, souvent le sarrasin précède la semence d'hiver.

On a fait de nombreuses tentatives pour limiter la sole de jachère nue ; on a à cet effet rompu la rotation par une récolte de trèfle, ou on a fait des cultures dérobées sur défrichements d'herbages.

Voici les différents types d'assolements en usage sur les îles :

	A	B	C	D	E
1re ann.	Jachère.	Jachère.	Jachère.	Jachère.	Jachère.
2e	Céréale d'hiver	Céréale d'hiver	Céréale d'hiver	Céréale d'hiver	Céréale d'hiver
3e	Orge.	Orge.	Orge.	Orge.	Orge.
4e	Avoine.	Avoine.	Plantes fourragères ou semences mêlées	Plantes fourragères ou semences mêlées	Trèfle.
5e	Trèfle.	Trèfle.	Avoine.	Avoine.	Demi-jachère.
6e	Herbage.	Herbage.	Trèfle.	Trèfle.	Céréale d'hiver
7e	....	Culture dérobée	Herbage.	Herbage.	Orge.
8e	....	....	....	Herbage.	Avoine.
9e	....	....	....	....	Herbes mélangées.
10e	....	....	....	....	Herbage.
11e. ...	....	....	....	....	Herbage.

Le type E qui se rapproche de l'ancien système n'est plus guère en usage qu'à l'île de Fionie.

Dans les régions fertiles du Jutland oriental, on suit à peu près le même assolement qu'aux îles, mais sur le littoral de l'Ouest et dans les districts de l'extrême Nord, on trouve à quelques variations près les formes suivantes :

	F	G	H	I	K
1re ann.	Jachère.	Jachère.	Orge.	Sarrasin.	Jachère.
2e	Céréale d'hiver	Céréale d'hiver	Avoine.	Céréale d'hiver	Céréale d'hiver
3e	Orge.	Orge.	Herbe.	Orge.	Trèfle.
4e	Avoine blanche	Avoine.	Demi-jachère.	Semences mélangées.	Orge.
5e	Avoine grise.	Trèfle. Herbes mélangées.	Seigle.	Avoine.	Semences mélangées.
6e	Trèfle. Herbes mélangées.	Herbage.	Avoine.	Trèfle. Herbes mélangées.	Avoine.
7e	Herbage.	Herbage.	Trèfle. Herbes mélangées.	Herbage.	Trèfle. Herbes mélangées.
8e	Herbage.	Herbage.	Herbage.	Herbage.	Herbage.
9e	....	....	....	....	Herbage.

Dans les types A, B, C, D, le trèfle, comme les pois, a cessé de produire ; ce fait tient évidemment au mode de rotation. On a tenté de remédier à cette maladie du trèfle en appliquant à cette plante des engrais animalisés et des phosphates ; on cherche aussi à combattre la dégénérescence en mélangeant les graines de diverses variétés de trèfle avec d'autres graines fourragères, et en se basant pour les proportions sur la nature du sol.

L'entretien des prairies temporaires, succédant à deux ou trois récoltes consécutives de graminées, favorise le développement des mauvaises herbes et des chardons d'espèces diverses qui se propagent si facilement par leurs graines. La jachère est nécessaire ensuite pour nettoyer le sol.

Parmi les assolements conçus en vue de réduire l'étendue des jachères, tout en conservant les traits principaux de l'ancien système, on peut citer les suivants :

	L	M
1re année....	Semence mélangée récoltée verte.	Moitié racine, moitié herbage.
2e..........	Seigle.	Orge.
3e..........	Racines fourragères.	Seigle.
4e..........	Orge.	Semences mélangées, pois, féverolles, etc.
5e..........	Semences mélangées.	
6e..........	Avoine.	Avoine.
7e..........	Trèfle. Herbes mélangées.	Trèfle. Herbes mélangées.
8e..........	Herbage.	Herbage.

Dans un certain nombre d'exploitations un peu considérables, à côté de la rotation suivie sur l'ensemble des terrains, on traite les terres les meilleures ou les plus voisines, celles qui peuvent recevoir une abondante fumure, suivant l'assolement anglais de quatre ou cinq ans : raves, orge, trèfle et céréales d'hiver.

Parmi les systèmes entrepris en vue d'un exploitation plus intensive, on peut citer celui de M. Heide, propriétaire à Hjœrsgaard, au S.-E. du Jutland. Dans les terrains riches en humus et faciles à travailler, voici quelle est la série des récoltes :

1° Avoine, 2° racines, 3° orge, 4° semences mélangées, 5° céréales d'hiver, 6° et 7° trèfle et herbes, 8° orge, 9° racines, 10° orge, 11° semences mélangées, 12° céréales d'hiver, 13° avoine, 14° et 15° trèfle et herbes.

Sur les fermes fertiles qui sont en relation d'affaires avec la sucrerie de Laaland, on suit l'assolement de Norfolk modifié : 1° Betteraves, 2° orge Chevalier, 3° moitié de la sole en trèfles, un quart en trèfle, un quart en pois ou fèves, 4° trois quarts de la sole en blé, un quart en orge. Ce procédé, qui coïncide avec l'introduction des engins à vapeur pour la culture, n'a pas été favorable au rendement du blé ; on peut espérer cependant que ce rendement se relèvera par la suite. Quant aux autres récoltes, — le trèfle et l'orge Chevalier surtout, — elles se sont très-bien trouvées de la modification adoptée ; les résultats sont très-satisfaisants.

Plantes cultivées. — Le seigle l'emporte de beaucoup sur le blé dans les cultures du Danemark. La moyenne des terres ensemencées en blé est de 61,930 hectares, contre 253,650 hectares de seigle. Dans les parties fertiles du Jutland, les deux principales céréales sont le blé et l'orge. Sur les îles, le rapport du blé au seigle est de 1 à 1, 7 ; dans la péninsule du Jutland, le rapport est de 1 à 17. La culture du blé tend à se développer ; de 1866 à 1871, l'étendue de la surface en blé a augmenté de 7,52 p. 100 ; et de 1871 à 1876, elle s'est encore élevée de 8,2 p. 100.

La proportion des terres cultivées en seigle a également augmenté ; dans les landes défrichées du Jutland le blé ne peut être cultivé. Les espaces en seigle sont quatre fois plus étendus que ceux qu'on sème en blé ; cependant la quantité du seigle exporté est de beaucoup inférieure à celle du froment. Dans les fermes du Danemark on ne mange que du pain de seigle.

Le seigle se sème en septembre, le blé vers le milieu et au plus tard à la fin d'octobre, sur jachère pure ou utilisée. Les terres sont fumées soit au fumier d'étable, soit au moyen d'engrais du commerce contenant des phosphates. Le rendement moyen est de 24 à 25 hectolitres pour le seigle et de 27 à 28 hectolitres pour le froment. Il n'est pas rare toutefois que sur les terrains les plus fertiles des fermes bien entretenues on obtienne des rendements en blé de 40 à 50 hectolitres et de 35 à 40 hectolitres de seigle.

Les variétés de blé le plus généralement cultivées viennent d'Angleterre ; ce sont : le blé de l'*arbre généalogique* de Hallet, diverses variétés de blé rouge et de blé blanc ; et comme espèce nouvelle, le blé du *shériff squarehead*. Les meilleures variétés de seigle de la Campine belge et le seigle du *Probesti* de Holstein ; dans les terrains légers ou préfère le seigle brun danois.

L'orge couvre une superficie de terrain à peu près aussi considérable que le blé et le seigle ensemble : 308,415 hectares. Elle réussit également bien dans les terres légères et dans les sols compacts ; mais la qualité des produits diffère. Tandis que la plus grande partie de l'orge récoltée sur les terrains sablonneux ne peut servir qu'à la nourriture des animaux, à la préparation du gruau ou à la distillation des spiritueux, il est des contrées où, grâce à une culture soignée et à l'ensemencement en lignes, on produit de la bonne orge de brasserie, recherchée par les industriels de l'Angleterre.

C'est surtout l'orge Chevalier à deux rangs qu'on emploie en vue du maltage. Dans les terrains légers on sème l'orge à six rangs qui donne un fort rendement, mais qui est de qualité inférieure.

Dans les terrains sains et bien drainés, aux îles et dans le Jutland, l'orge Chevalier se sème en mars et en avril, quelquefois en mai, quand on ne peut pas faire autrement. Elle jette des racines profondes dans un sol qui a été bien préparé en automne de manière à ne recevoir avant l'ensemencement qu'une légère façon ; elle peut ainsi braver les sécheresses du printemps et fournir une abondante récolte. Si le sol a été mal défoncé et que le drainage soit insuffisant, il vaut mieux attendre plus tard pour semer : l'orge serait envahie par les mauvaises herbes.

L'orge à six rangs est remarquable par sa précocité ; elle se développe et mûrit dans l'espace de huit ou dix semaines. Elle donne un rendement moyen de 25 à 26 hectolitres qui peut s'élever à 40 dans les fermes bien tenues.

De toutes les céréales, c'est l'avoine qui occupe le plus **vaste** espace ; elle couvre chaque année 381,350 hectares.

Des cultivateurs danois qui pourraient souvent récolter une orge excellente préfèrent souvent cultiver l'avoine, qui est préférable sous leur climat à tout autre grain pour la nourriture des chevaux ; elle entre de plus en plus d'ailleurs dans l'alimentation mélangée qu'on donne aux vaches laitières en vue de la production du beurre extra-fin. C'est en outre la semence qui, après le seigle, se montre la moins exigeante sous le rapport du sol et des conditions climatériques. Le rendement moyen de l'avoine est de 28 hectolitres à l'hectare ; sur quelques exploitations, on constate des rendements de 60 à 75 hectolitres.

Un fait caractéristique de la modification des assolements, c'est l'exiguïté de la surface affectée aux plantes à larges feuilles, le trèfle excepté. Sur les îles, et principalement les petites îles fertiles du Sud, ou a tellement abusé de la culture des pois. qu'on a épuisé le sol ; on est parvenu à l'aide d'engrais à les faire produire de nouveau, mais sur les terrains légèrement fumés, ils sont attaqués par les pucerons, et il est rare que leur rendement dépasse 25 à 28 hectolitres par hectare.

Les pois et les fèves sont les premières graines semées, en général, dans des terres fumées au fumier d'étable qu'on enfouit au printemps. On cultive depuis peu une variété hâtive de pois à fourrage plus résistante aux attaques des pucerons que les variétés tardives.

On cultive peu les féverolles quoiqu'elles donnent de meilleurs résultats que les pois dans des terres substantielles et bien fumées. On les sème en lignes espacées de 18 pouces (0,47 cent.). Ceux qui ont essayé de cette culture pour l'alimentation des chevaux et des vaches y renoncent difficilement.

Sur les terrains légers du Jutland, on compte 21,290 hectares semés en sarrasin et 2,000 hectares environ de spergule qui, dans les terres les plus sablonneuses, produit un mince fourrage pour le bétail.

La pomme de terre occupe environ 42,250 hectares disséminés en petits champs autour des habitations ; son rendement est très-variable à cause de la maladie qui souvent l'atteint.

Quant aux racines, qui pourraient avoir une grande influence sur la préparation du sol, on n'en compte que 9,514 hectares, soit un deux cent quarantième des terres en culture. La sécheresse du printemps sera toujours un obstacle à l'extension de la culture des racines fourragères, surtout de celles de la famille des Crucifères. Sur les îles et jusque vers Randers au nord, on peut cultiver les betteraves et les carottes. Cultivées dans de bonnes conditions, les betteraves donnent des rendements variant de 35,000 à 75,000 kilogrammes par hectare.

Au nord de Randers, elles cessent de donner de bons résultats ; on les remplace par les navets, les raves, les diverses variétés de choux-rave qui donnent, dans les terrains légers, des rendements aussi élevés que ceux de la betterave sur les îles.

On a fait pendant plusieurs années des expériences sur le rendement des betteraves sur toute la surface du pays.

Dans les zones tempérées la betterave blanche de Silésie produit de 26,000 à 29,000 kilogrammes à l'hectare de racines, inférieures d'environ 0,75 p. 100 aux betteraves à sucre de l'Allemagne centrale; elles donnent des jus d'une densité de 12 à 13 p. 100 qui tombent en hiver à 9 ou 10.

Certaines espèces françaises plus fines et plus développées, telles que la betterave améliorée de Vilmorin, produisent des jus d'une densité de 16 à 18 p. 100 à l'automne, mais avec un rendement inférieur en racines.

La culture de la betterave est probablement appelée à transformer l'économie de la culture, au moins sur certains points favorisés du Danemark.

Les navets destinés aux bestiaux sont ordinairement cultivés sur billons dans des terrains fumés soit avec le fumier de ferme, soit à l'aide d'engrais concentrés contenant de l'azote ou de l'acide phosphorique. Les billons sont destinés à augmenter l'épaisseur de la couche végétale qu'on n'a pas encore approfondie par des labours énergiques. Les façons se donnent à la main, avec des instruments fort rudimentaires; aussi ce travail est-il lent, compliqué et dispendieux. L'inexpérience des ouvriers et le manque d'habileté manuelle sont des obstacles qui s'opposeront longtemps encore à l'extension de la culture des racines.

Les plantes oléagineuses et industrielles ne jouent qu'un rôle tout à fait secondaire dans l'agriculture du Danemark.

Le colza n'occupe qu'une étendue de 500 hectares quand, il y a dix ans, on en cultivait plus de 15,000 hectares.

Après les premiers marnages, lorsque la terre était très-ardente, le colza prit une place importante sur les exploitations; il eût d'ailleurs bientôt raison de l'ardeur du sol; la végétation devint précaire et cette plante fut délaissée. La plupart des baux interdisent la culture du colza; et on n'en voit plus guère en Danemark que sur les prairies récemment défrichées qui ont une surabondance de sucs nutritifs.

On rencontre quelques champs de lin; les paysans tiennent à fabriquer eux-mêmes la toile à leur usage.

On fait du houblon à Fionie, et dans la plupart des exploitations, la bière consommée est brassée à la ferme.

Les paysans cultivent également un peu de tabac, du cumin, de la chicorée; dans les environs des grandes villes, on se livre à la culture maraîchère. C'est surtout dans l'île fertile et plate d'Amague que prospère cette industrie, exploitée par les descendants d'horticulteurs hollandais qu'on avait fait venir au seizième siècle.

Dans les prairies temporaires, la plante dominante est le trèfle rouge, *Trifolium pratense*, qui a été cultivé en Danemark dès le commencement du siècle pour remplacer la jachère nue. Son apparition a fait époque dans les annales de l'agriculture danoise; on a pu, grâce à l'introduction de cette plante, augmenter le nombre des bestiaux et, par suite, la quantité des engrais. On a dit qu'à l'origine le trèfle rouge durait plusieurs années et donnait des récoltes plus abondantes qu'aujourd'hui; que sa culture répétée avait diminué les forces végétatives de la plante, et créé la nécessité d'adjoindre d'autres semences à celle du trèfle dans la composition des prairies.

Des recherches plus récentes ont démontré que sous le climat du Danemark, le trèfle doit être considéré comme une plante annuelle; on peut le conserver deux ans, mais la récolte de la seconde année se compose surtout d'autres végétaux qui se sont développés et ont pris la place de la plante principale. On ne peut pas dire que le sol se lasse du trèfle, lorsqu'il ne reparaît qu'à de longs intervalles, mais si cette culture est souvent répétée, on ne tarde pas à en voir bientôt les inconvénients.

Aussi s'est-on appliqué à faire des mélanges de plantes fourragères pouvant donner de bonnes récoltes pendant trois années consécutives. On emploie généralement à cet effet le ray-grass anglais, *Lolium perime;* le ray-grass italien, *Lolium italicum;* la fléole des prés, *Phleum pratense;* le trèfle suédois (Alsike) *Trifolium hybridum;* le trèfle blanc, *Trifolium repens;* et un peu de minette, *Médicago Lupulina* en mélange avec le trèfle rouge. On obtient ainsi une meilleure récolte dès la première année et le pâturage se maintient mieux qu'avec le trèfle pur.

Les semences pour un hectare sont réparties le plus souvent dans les proportions suivantes :

	1o		2o	
Trèfle rouge.............	11 kil.	3	5 kil.	4
Trèfle d'Alsike...........	3	6	2	7
Trèfle blanc.............	1	8	2	7
Fléole	1	8	1	8
Ray-grass anglais.........	1	8	2	7
Ray-grass d'Italie.........	1	8	5	4
Minette................	»	»	1	8

Soit 22^{kilogr},100 de graines pour le premier mélange et 22^{kilogr},5 pour le second.

Depuis quelques années une série d'expériences a été entreprise sous le patronage de la Société royale d'Économie rurale, afin de rechercher dans quelles proportions on doit mélanger ces graines pour obtenir un bon fourrage dans une terre de consistance moyenne. Voici les résultats auxquels on est arrivé :

Trèfle rouge, pour un hectare...........	7 kil.	2
Trèfle d'Alsike.......................	7	2
Trèfle blanc....	1	8

Avoine élevée (*Avena elatior*)............	1	8,4
Avoine des prés (*Avena pratensis*)......	1	4
Fléole...................................	2	7
Vulpin (*Alopecurus pratensis*)..........	0	9
Fromental (*Arrhenatherum avenaceum*).	2	7
Fétugue des prés (*Festuca pratensis*)....	3	6
Dactyle pelotonné (*Dactylis glomerata*)..	0	4
Total.............	26 kil. 2	

Lorsque, dans une rotation, on interrompt les récoltes de céréales pour faire une culture de trèfle ou d'herbages, et qu'on laisse le sol en pâturage jusqu'à la fin de la période, on emploie ordinairement le trèfle seul d'abord ; ensuite on sème le mélange où se trouvent des graines d'espèces indigènes.

Le ray-grass italien cultivé avec celui du pays perd bientôt sa fécondité et sa précocité. On produit deux variétés de trèfle rouge, l'une hâtive, l'autre tardive ; cette dernière, qui donne un fourrage plus grossier, mais abondant, est cultivé sur les petites îles du Sud. Les graines de trèfle rouge et de trèfle blanc sont importées de la Silésie, celles de ray-grass d'Italie viennent de l'Écosse.

Dans toutes les contrées du Danemark où le sous-sol contient de la marne calcaire, le trèfle pousse vigoureusement ; c'est l'abus seul de la culture qui a amené la diminution du produit. En fumant avec des engrais riches peu de temps avant la sole de trèfle, on est sûr d'obtenir de bons résultats.

Nous avons dit que les prairies temporaires étaient composées de différentes espèces de plantes ; on les sème ordinairement dans les champs de blé, aussitôt que celui-ci a été confié à la terre, séparément, en ayant soin de les enterrer plus ou moins, suivant la nature des graines, soit à la herse, soit au rouleau.

Après la récolte du blé, le trèfle, favorisé par les conditions climatériques du pays donne déjà à l'automne un fourrage assez abondant, mais dont il est prudent de ne pas trop abuser avant l'hiver. On laisse d'ailleurs assez de chaume pour que la neige puisse former un épais tapis garantissant les jeunes plantes contre les grands froids. La récolte de la première année est fauchée et transformée en foin sec, ensuite on fait pâturer les animaux. Dans certains endroits, au contraire, on ne fauche que la seconde récolte, afin d'utiliser comme prairie la pousse abondante de la première année. On entretien de une à deux têtes de gros bétail par hectare de terre cultivée en pâturage temporaire.

On coupe le trèfle au moment de la floraison, et on s'attache dans la préparation des foins, à éviter une trop grande dessiccation qui ferait tomber la feuille. Le rendement du trèfle varie de 2,500 à 7,500 kilogrammes de foin sec par hectare.

On fait paître ordinairement les prairies artificielles par des vaches qu'on maintient au piquet et qu'on fait garder. Sur les îles, on enclôt encore les champs au moyen de haies vives ou de guirlande, de ronces élégamment entrelacées, et on y laisse les ani-

maux en liberté. On nourrit peu les vaches au moyen de fourrages
verts à l'étable, et bien que ce procédé ait paru vouloir s'imposer
récemment, on y a généralement renoncé partout où l'on fait du
beurre fin.

Engrais. — La question des engrais dans les fermes danoises a
fait des progrès réels depuis un certain nombre d'années. Au fumier produit par les animaux s'ajoutent de grandes quantités de
matières fertilisantes; les engrais contenant de l'acide phosphorique sont tout particulièrement recherchés.

Pour bien faire ressortir le degré de fertilité auquel l'emploi des
engrais a amené le sol, nous allons prendre comme exemples deux
fermes situées dans des conditions différentes; on pourra se rendre
compte du mode d'amélioration appliqué à la terre.

L'exploitation de M. Tesdorph, à Ourupgaard, dans l'île de
Falster, comprend 560 hectares de terres labourables où l'on pratique l'assolement indiqué sous la rubrique D. On y entretient
220 vaches laitières très-remarquables de la race rouge du Danemark.
L'hiver, ces animaux sont très-abondamment nourris à l'étable;
pendant l'été, ils paissent les trèfles et les autres prairies.

Pendant l'année 1876, les chevaux, vaches, moutons et porcs
de ce domaine ont consommé les quantités de nourriture suivantes.

Tourteaux de colza................	27,000	kilog.
— de lin................	15,000	—
— de noix de coccus......	16,500	—
— de noix de palme......	21,400	...
Son de blé....................	81,300	—
Maïs.........................	60,300	—
Pois et fèves..................	102,200	—
Avoine, orge, seigle et froment...	215,500	—
Betteraves....................	256,500	—
Foin, trèfle, fourrages divers.....	115,000	—

Outre le fumier produit par les animaux de la ferme on a employé :

Poudre d'os cuits à la vapeur.......	51,300	kilog.
Superphosphastes contenant 21 °/₀ d'acide phosphorique soluble....	27,100	—
Hidrate de soude................	9,000	—
Guano du Pérou dissous..........	6,200	—
Guano de poisson de Norwége.....	3,100	—

Le domaine a exporté pendant la même année :

Avoine........	24	quintaux.
Blé.........................	1,414,50	
Orge........................	962,50	
Beurre......................	191	
Fromages....................	319	
Lait.........................	146	
Laine.......................	32	
Viande de mouton............	113,50	
Viande de porc..............	109	
Viande de vache....	23	

7

Si l'on compare les quantités des éléments nutritifs des plantes contenues dans les engrais employés et dans les matières exportées, on obtient les résultats suivants :

	Azote.	Acide phosphorique.	Potasse.
Éléments introduits dans le sol.	16,000 kil.	6,000 kil.	3,000 kil.
Éléments exportés..........	7,000	2,000	1,500
Augmentation au profit du sol.	9,000 kil.	4,000 kil.	1,500 kil.

Le domaine d'Ourupgaard est le premier où l'on soit entré dans cette voie de fumures à haute dose ; il y a plus de trente ans que ces améliorations ont été entreprises ; on comprend combien, avec une culture relativement peu intensive le sol doit contenir d'éléments de fertilisation en réserve. Là, comme dans les exploitations où l'on a imité cet exemple, la terre est apte à une culture intensive. Ces fermes sont arrivées au degré que le domaine de M. Tesdorph avait déjà atteint, il y a plus de dix ans, et qu'on peut considérer comme un maximum de fécondité. Cette exploitation donnait en effet le même produit brut qu'aujourd'hui ; le rendement des céréales, 35 à 40 hectolitres n'a pas augmenté depuis cette époque ; le seul progrès qu'on puisse signaler est une légère augmentation dans le produit des fourrages.

Nous prendrons comme second exemple une ferme d'engraissement, celle de Bramminge, appartenant à M. Fabricius, et située près du bord d'Esbjerg, sur la côte occidentale du Jutland. Là encore on a fourni au sol une avance considérable d'engrais.

L'exploitation a une étendue de 496 hectares, dont 60 hectares de prés complétement irrigués. Les terres sont légères, et la moitié du sol arable consistait encore, il y a dix ans, en une lande impropre à la culture, mais fournissant un bon pâturage.

On engraisse chaque hiver sur le domaine 300 têtes de gros bétail, dont 200 ont passé l'été sur les prairies. Le poids moyen des animaux, au moment de la vente, est de 562 kilogrammes. En 1877, en outre des bestiaux engraissés, on a vendu 40 moutons, 150 porcs et 20 jeunes chevaux.

L'alimentation de tous ces animaux s'est composée, pour 1877, de :

Tourteaux de graisses oléagineuses.............	12,000 kil.
Seigle, orge, avoine, maïs.......................	318,750
Pois, fèves, etc................................	6,000
Foin...	339,200
Racines fourragères.	535,000

On a employé, comme engrais complémentaires, 28,500 kilogrammes de superphosphates.

Dans cette ferme, le rapport des éléments importés aux exportations peut se calculer ainsi :

	Azote.	Acide phosphorique.	Potasse.
Éléments introduits dans le sol.	16,123 kil.	10,773 kil.	8,007 kil.
Éléments exportés............	6,739	4,399	817
Augmentation au profit du sol..	9,384 kil.	6,374 kil.	7,190 kil.

On peut voir, par ces deux exemples, que le reproche adressé aux fermes danoises d'appauvrir le sol est mal fondé, et que dans les métairies qui exportent des grains, aussi bien que dans les fermes où la principale industrie est l'élevage et l'engraissement du bétail, on sait augmenter les ressources d'engrais et améliorer incessamment la terre.

La nécessité des fortes fumures a comme corollaire l'entretien judicieux des fumiers; c'est un soin auquel n'ont pas failli les agriculteurs en Danemark.

Plus la quantité d'animaux augmentait, moins on avait de litières; on a bientôt senti la nécessité de ne pas perdre de pailles. On les a utilisées dernièrement; on a installé des plate-formes à fumier imperméables, au-dessous desquelles ont été ménagées des citernes pour recueillir les purins.

Dans les exploitations où l'on manque de pailles et où l'accès des tourbières est facile, on emploie comme litière la tourbe, matière très-riche en substances azotées.

Dans les fermes importantes, on a construit de vastes étables où les crèches et les râteliers sont mobiles, et permettent de changer de place les animaux, qui piétinent tour à tour toutes les parties du fumier. La fermentation devient plus régulière et les pertes sont insensibles. Les animaux n'éprouvent d'ailleurs aucun inconvénient de ce système, quand on a soin de renouveler souvent les litières.

Dans les petites fermes, on a pu imiter cet exemple, et l'on a pu construire à bon compte des étables ou utiliser d'anciens bâtiments; on a également adopté le principe des crèches mobiles.

On emploie presque toujours le fumier à l'état frais; aussi on le mène aux champs plusieurs fois par an, en hiver comme en été.

Dans la plupart des systèmes d'assolement, on répartit le fumier sur deux ou plusieurs récoltes. Si les assolements sont à courte période, on le met ordinairement sur les jachères, qui peuvent le recevoir toute l'année, et seulement sur les terres ensemencées en céréales d'hiver. On fume surtout les terres destinées à être ensemencées en trèfle au moyen des mélanges indiqués plus haut.

L'engrais humain ne joue qu'un très-petit rôle sur les fermes danoises; il constitue cependant une précieuse ressource dans les environs des grandes villes.

Parmi les engrais commerciaux, les plus usités sont les matières phosphatées. On s'en sert principalement pour les céréales d'hiver et pour le trèfle. On enterre l'engrais à la charrue peu de temps avant d'ensemencer; pour les semences de printemps, on l'incorpore au sol au moyen d'un labour d'automne.

Il y a peu d'exploitations où l'on emploie autant d'engrais azotés
que sur le domaine d'Ourupgaard. Il serait utile cependant de se
servir de nitrate de soude ou d'engrais ammoniacaux qui excitent
les plantes à absorber les autres éléments minéraux contenus dans
le sol.

Le sol du Danemark ne réclame pas d'engrais alcalins, à moins
qu'on ne cultive une plante très-avide d'alcalis et qui ne rend pas à
la terre ceux qu'elle lui a enlevés. Ce serait le cas, si la culture de
la betterave prenait de l'extension.

On sème les engrais artificiels à la volée, les semoirs à engrais
sont très-rares.

Les sociétés fondées en vue de l'acquisition en commun des matières fertilisantes et qui ont propagé l'emploi de l'acide phosphorique, ont rendu un autre service à l'agriculture danoise en faisant
naître l'habitude, aujourd'hui générale, de n'acheter les engrais que
sur analyse et d'exiger la garantie des vendeurs.

Travaux de culture. — Les travaux de la culture, en Danemark,
se divisent en trois périodes principales : 1° Le traitement des jachères, qui occupe les animaux de travail pendant l'été, depuis la
fin des semailles de printemps jusqu'à l'automne ; 2° les labours
d'automne ; 3° les semailles de printemps, qui ont lieu dans les
mois de mars, avril et mai. Cette subdivision correspond assez exactement aux grands mouvements climatériques, et à chaque saison,
il y a une véritable uniformité dans les travaux agricoles.

Le rapport entre la force de traction employée et la superficie en
culture est assez constant ; on estime qu'il faut quatre chevaux de
trait pour une culture de 10 tænders'and (55 hectares), sans compter
un ou deux chevaux pour le service de la ferme. La proportion
diminue toutefois quand l'étendue de la culture augmente.

Dans les petites fermes on se sert souvent de juments qu'on emploie à la reproduction ; les poulains de deux et trois ans constituent
une partie des attelages. Les terrains légers, plus faciles à remuer,
réclament un moins grand nombre d'animaux de travail ; mais
c'est précisément sur les sols de cette nature que l'élevage se fait
dans les meilleures conditions, aussi les attelages y sont aussi nombreux qu'ailleurs.

Les chevaux de trait sont ordinairement ceux de la race du Jutland, de moyenne taille. A Seeland et sur les petites îles, on rencontre fréquemment des chevaux ayant 2 aunes 1/2 (1^m,60) de
hauteur et même davantage.

L'introduction de la charrue anglaise à bascule a, nous l'avons
dit plus haut, modifié les conditions de travail du sol ; les paysans
ont dû s'appliquer à la conduire régulièrement ; les *gentlemen far-
mers* eux-mêmes en ont étudié le maniement afin de pouvoir exiger
un bon travail de leurs ouvriers ; cette étude leur a donné le goût
des bons instruments qui se sont rapidement propagés. La petite
charrue à bascule s'est tellement imposée, que nulle part elle n'a
pu être détrônée par les charrues anglaises à roues.

Le drainage est venu donner un nouvel essor aux travaux des champs; il a permis de supprimer les fossés qui coupaient les plaines en long et en large et s'opposaient au passage des instruments aratoires. Il a complétement modifié la physionomie des propriétés, et entre deux domaines voisins dont l'un est drainé et l'autre ne l'est pas, il y a une différence très-frappante au point de vue du matériel agricole et de la préparation du sol.

Dans les exploitations où la culture est le plus avancée, on ne laboure pas à une profondeur plus grande que 6 à 8 pouces (0^m,186 à 0^m,248); il y a cependant une tendance à pénétrer le sol plus avant, mais on procède avec lenteur et prudence. Comme on cultive peu de racines, on n'a pas senti la nécessité des labours profonds; les défonceuses et les charrues à sous-sol sont donc à peu près inconnues au Danemark.

A l'île de Laaland, où le sol compacte et fertile repose sur une couche de marne, la charrue à vapeur a été récemment introduite. C'est en 1869 qu'on vit la première machine, un petit appareil de Howard, qu'un propriétaire avait acheté en même temps qu'une batteuse locomobile. Elle fonctionne toujours sur une petite exploitation où l'on suit l'assolement ordinaire du pays.

La seconde machine fut installée sur une ferme cultivée d'après les méthodes anglaises et un assolement quinquennal à base de racines fourragères.

Enfin deux grands appareils doubles de Fowler fonctionnent sur un point de l'île où l'on cultive sur une large échelle la betterave à sucre. Dans les terres plates exemptes de roches, le labourage profond à la vapeur joint à la culture des racines est appelé à donner des résultats analogues à ceux qui se sont produits dans les autres contrées; mais on ne pourra se servir de ces puissants appareils que sur les points où l'assolement alterne et la culture intensive peuvent donner de réels bénéfices.

Le traitement des jachères, qui font la base du système agricole danois, a atteint un grand développement. L'année de jachère nue n'a pas pour seules conséquences le repos du sol, la destruction des mauvaises herbes; les façons méthodiques que reçoit la terre ont pour but de donner naissance à des réactions chimiques qui augmentent la solubilité des éléments nutritifs et de modifier la constitution physique du terrain. Ces effets sont très-sensibles surtout dans les terres compactes où une récolte ne saurait remplacer l'année de jachère sans l'emploi d'une grande quantité d'engrais. On donne au sol quatre labours, et dans l'intervalle, des façons à la herse et au rouleau.

Les labours sont exécutés à des profondeurs variables de, afin de ramener de chaque façon, à la surface du sol, une nouvelle couche de terre végétale qui subit l'influence de l'air, de l'humidité et du soleil, et où les graines germent et sont facilement détruites par les hersages intermédiaires. Les récoltes successives de céréales permettent aux mauvaises herbes de se développer, surtout au chiendent. Pour les détruire plus facilement, on ne donne le premier labour que fort avant dans l'automne, et même en hiver, lorsque le temps permet de remuer la terre. On retourne le gazon en l'effeurant aussi légèrement que possible avec la charrue. On donne au printemps un second labour plus profond, et l'on divise les mottes avec des herses pesantes ; on roule, on herse à nouveau. Les racines sont ainsi amenées à la surface où elles se dessèchent, ou bien on les ramasse en tas pour les faire fermenter. On se sert pour ces opérations de la herse suédoise à dents en pattes d'oie et de la herse à jachères dont les dents sont pointues et recourbées.

Dès qu'on a fait disparaître les herbes à racines pivotantes, on transporte les fumiers qu'on enterre par un profond labour. Des hersages légers détruisent les dernières graines qui ont germé et ameublissent la couche superficielle, à laquelle on donne le nom de *bain de semences.*

Au moment de semer le grain, ou quelques semaines plus tôt, on donne le dernier labour qui est généralement assez superficiel. Il est nécessaire, à cause du climat du Danemark, de ne pas trop aérer la couche arable près du sol; le blé et le seigle ont besoin d'une terre un peu consistante pour assurer leurs racines.

Il est bon également de ne pas herser trop fin, les mottes protègent les jeunes plantes contre les froids rigoureux de l'hiver en retenant la neige.

On dit qu'une terre est en demi-jachère quand on a conservé le pâturage temporaire jusqu'en juin ou juillet. On la défriche alors et le sol est traité aussi vigoureusement que pour la jachère d'un an; seulement il ne reçoit alors que trois façons de labour. Les résultats obtenus par ce dernier système sont moins satisfaisants qu'avec la jachère pure et complète, les façons n'arrivant pas toujours aux époques favorables.

La charrue à bascule donne un travail bien supérieur à celui des anciennes charrues; aussi s'est-on attaché à la perfectionner. Pour la rendre apte à remuer le sol à une profondeur de 8 à 10 pouces, et à former une crête de sillon bien émiettée, on lui a adapté un versoir semblable à celui de la charrue allemande, type Mansfeld; dans toutes les exploitations où l'on tient à avoir un bon labour d'automne, on se sert de ce modèle.

Le labour d'automne a une importance capitale, il prépare le sol à subir les influences des gelées et des dégels; quand il a été fait dans de bonnes conditions, au printemps la terre est apte soit à être ensemencée soit à recevoir les diverses façons de jachère.

Lorsqu'on déchaume une céréale d'hiver à laquelle doit succéder une céréale de printemps, il importe de le faire avant la fin d'octobre; plus tard la terre pourrait être trop humide. Les travaux de cette époque doivent être menés avec une grande rapidité. La saison devient bientôt pluvieuse; aussi de la fin de septembre au mois de novembre ; les animaux de trait, qui ont à fournir une somme de travail, ont besoin d'une nourriture substantielle et de soins spéciaux.

Deux bons chevaux, travaillant dix heures, labourent environ un demi-hectare dans une terre de consistance moyenne, un peu plus dans les terrains légers. Lorsqu'on veut augmenter la profondeur de la couche arable, c'est ordinairement à la façon d'automne qu'on entreprend cette opération. Les gelées favorisent bientôt le mélange du sous-sol avec la terre végétale.

Les premiers légumes semés sont les pois et les féveroles. On laboure au début du printemps les chaumes sur lesquels on a mené du fumier pendant l'hiver, et on sème les pois dès qu'on peut herser la terre. Les pois sont répandus à la volée sur les sillons et enterrés à la herse suédoise, ou, lorsque le labour vient d'être pratiqué sur un fumier frais mêlé de chaume, avec des herses rotatives. Les féveroles se sèment en lignes espacées de 18 pouces, à une profondeur de 4 à 5 pouces.

L'effet d'un bon labour d'automne se fait sentir au printemps. On peut alors donner à la terre une très-légère façon, et lorsqu'on sème de l'orge Chevalier, elle a le temps de développer un faisceau de racines qui pénètrent dans le sol avant qu'elles n'aient été flétries par le souffle desséchant du printemps. Dans les terres bien préparées, l'ensemencement de l'orge Chevalier coïncide avec les premiers travaux du printemps ; dans les terres infectées d'herbes ou dans les régions froides, il est nécessaire de remuer légèrement le sol avant de lui confier le grain.

On emploie alors la herse suédoise qui divise la terre d'une façon très-convenable. Depuis près de quarante ans, on avait remplacé pour les travaux de printemps la charrue par des extirpateurs et des scarificateurs, qui ont à leur tour cédé la place à la herse suédoise plus légère, et dont la forme convient mieux dans les terres compactes.

Les céréales sont ordinairement semées à la volée ; pour l'orge et l'avoine, on prépare le sol à la herse suédoise et les grains sont enfouis au moyen de herses moins lourdes armées également de dents en forme de pattes d'oie. Le hersage est complété par des herses très-légères, articulées et à dents pointues.

On commence à semer en lignes, surtout l'orge destinée à la brasserie ; il est bien entendu que dans ce cas la terre doit avoir été complètement façonnée avant de recevoir la semence. On roule ensuite avec des rouleaux creux d'un grand diamètre ou avec des rouleaux squelettes de fabrication allemande.

Les graines, fines telles que celles de trèfle ou de graminées pour prairies, ne se répandent que sur des terrains hersés préalablement ; on les enterre avec des herses à dents de bois ou au moyen de rouleaux squelettes. Le peu d'importance qu'on a attaché jusqu'ici à la culture des racines fourragères fait que les procédés employés n'ont pas partout atteint un grand degré de perfectionnement. On emploie ordinairement du fumier de ferme pour les racines ; s'il n'a pu être enterré avant l'hiver, les façons de printemps ne sont pas toujours données en temps convenable ; la terre se dessèche et la graine germe difficilement.

On fait ordinairement les racines sur billons ; la terre n'a pas été suffisamment approfondie pour permettre un autre système de culture. A Laaland cependant, la culture des betteraves se fait à plat ; le sol a été défoncé à plus de $0^m,30$.

Les sarclages se font encore d'une façon un peu primitive, presque tous à la main ; on emploie bien une sorte de houe à cheval armée de dents fourchues, mais dont le travail est imparfait. Ce n'est que sur les exploitations où l'on cultive les racines sur une grande échelle qu'on peut voir les houes à cheval les mieux conditionnées et qu'on a pu réaliser une véritable économie de main-d'œuvre.

Dans les très-petites fermes de deux à trois hectares, on laboure à la bêche. Les paysans qui les exploitent sont ordinairement employés sur les grands établissements agricoles, ils cultivent leur ferme pendant leurs instants de loisirs, toute leur famille prend part aux travaux. Lorsqu'ils sont très-pressés, ils louent des chevaux à leurs patrons pour labourer à la charrue, et ils s'acquittent en argent ou en journées. Les Sociétés locales d'agriculture encouragent au moyen de primes le labourage à la bêche sur ces petites exploitations.

Comme on le voit, l'ensemble des méthodes culturales au Danemark présente un caractère particulier ; ces méthodes d'ailleurs sont la conséquence naturelle du climat, de la configuration topographique et des exigences du sol. Les progrès ne se sont pas accomplis dans le même sens que dans les autres contrées de l'Europe ; ils n'en sont pas moins très-réels.

ÉCONOMIE DU BÉTAIL

Par suite de l'étroite liaison qui existe entre l'agriculture et l'é-
levage des bestiaux, cette dernière industrie s'est modifiée suivant
les changements qui se sont produits dans la vie politique et commerciale du pays, et surtout dans la condition économique des propriétés.

Les chevaux et les autres animaux domestiques ont été naturali-
sés en Danemark avant les époques historiques : on trouve des
dents et des mâchoires de chevaux dans les tumulus de l'âge de la
pierre postérieure ; mais la preuve de l'utilisation du cheval ne remonte qu'à l'âge de fer antérieur ; dans les tombes qui sont plus
anciennes que cette époque on ne voit ni mors ni éperons.

L'Urus a été chassé comme gibier dès le temps les plus anciens,
et on trouve fréquemment dans les tourbières des fragments de
squelettes, — des crânes surtout —, du bœuf de Nilson à large front
Bos frontosus et du bœuf d'Owen à front allongé, *Bos longifrons*, qui
sont les premiers spécimens d'animaux soumis à la domestication.

Au moyen âge et pendant toute la durée des temps féodaux les
haras prirent, par suite de raisons politiques, une grande importance ;
alors les domaines seigneuriaux, les cloîtres, les terres de la couronne
étaient autant de centres d'élevage pour le cheval de guerre, et à
cette époque le cheval danois avait une grande réputation.

Au moment de la réforme religieuse introduite par Futher, les
haras épars sur les biens domaniaux et les terres des couvents furent
concentrés au haras royal de Frédériksborg qui fut un des établissements les plus célèbres de l'époque.

Quand s'amoindrit le rôle politique de la noblesse, l'élevage fut
négligé sur les grands domaines, et l'on se plaignit souvent que les
chevaux de paysans, nourris sur les communaux, n'avaient ni la
taille ni la vigueur nécessaires au service de la guerre. Dans les contrées les plus favorisées, le long des fleuves et des marais dont les
bords offraient de bons pâturages, les chevaux conservèrent leurs
qualités et continuèrent à être recherchés par les nations étrangères.

Tant que dura le régime féodal, où les domaines seigneu-

riaux étaient entretenus au moyen de corvées et de fermages,
l'élevage des bestiaux ne fit que peu de progrès ; les troupeaux
communs paissaient au hasard sur les terres communales ; seules
les terres qui environnaient les villages étaient réservées à la culture. Les seigneurs seuls engraissaient des bestiaux au moyen du
grain fourni par les manants contribuables ; ceux-ci pouvaient à
peine fournir à l'élevage de quelques bouvillons et des vaches laitières indispensables aux besoins du ménage.

Après l'abolition de la communauté, puis des corvées, la situation
prit une face toute différente ; les transports par corvées supprimés,
le nombre des chevaux diminua, au grand profit des qualités de
l'espèce. Les autres animaux trouvant dans des terrains convena-
blement assolés une nourriture abondante, se développèrent sous
le rapport des forces et de la forme ; on s'attacha surtout à créer de
bonnes races laitières.

Espèce chevaline. — Le cheval du Jutland ne paraît pas avoir
la même origine que celui des îles. Le premier descend de la grande
race de la mer du Nord, le second, comme le cheval de Scanie,
semble venir de l'Est ; il présentait encore, en effet, au commencement du siècle, tous les caractères de la race tartare. Aujourd'hui,
on ne retrouve plus le type primitif que sur quelques points ; les
croisements avec la race du Jutland ont été nombreux, et il s'est
opéré une fusion complète des deux races.

Au lieu du cheval tartare au tronc étroit, à l'échine saillante,
aux formes anguleuses, à l'encolure renversée, aux naseaux buvant
l'horizon, au garrot sec et tranchant, à la croupe avalée, le cheval
des plaines de Seeland présente un large poitrail, les reins courts,
les côtes bien coutournées, la croupe arrondie. L'encolure est encore assez bien portée, mais plus forte, l'épaule a perdu sa bonne
direction et le garrot est abaissé. La tête a conservé la plus
grande partie des formes primitives : le front plat, le nez fin et
pointu avec des naseaux bien ouverts, de grands yeux et des oreilles
bien plantées. Le tempérament est resté le même, et le cheval de
Séeland n'est inférienr à aucun autre comme rusticité, vigueur et
sobriété. La taille se maintient entre 1^m,57 et 1^m,62. Les meilleurs
étalons se trouvent dans la partie Nord de l'île, et bien qu'on puisse
attribuer au haras de Frédériksborg une certaine part dans la
transformation du cheval danois, il semble que la plus grande
influence soit due à la nature légère, sablonneuse et ondulée du
terrain.

Le cheval jutlandais des meilleures provenances, Thy, Sallings,
et surtout les environs de Randers, est d'assez grande taille, généralement de 1^m,62 à 1^m,67. Il a le poitrail et le thorax bien développés, l'encolure courte et épaisse ; la tête également courte à front
plat et large, les yeux limpides, mais les oreilles sont généralement
larges et plantées un peu bas. Il a le caractère vif et doux. Ce cheval
se montre sobre et patient malgré les intempéries et le manque de
soins. C'est non-seulement un excellent animal de travail, mais il

est très-propre au service de l'artillerie et du train, et il est très-recherché des marchands dès qu'on prévoit des probabilités de guerre. Ce n'est pas à proprement parler un cheval de cavalerie, et pourtant, en raison de sa sobriété et de sa souplesse, il rend, sous ce rapport, plus de services qu'on ne pourrait s'y attendre en examinant sa conformation.

Le nombre des chevaux en Danemark s'élevait en 1876 à 352,272, dont 186,487 sur les îles et 165,785 dans le Jutland. Ils se répartissaient en 4,233 étalons, 116,052 chevaux hongres, 175,712 juments et 56,275 poulains et pouliches au-dessous de deux ans.

Les étalons se composaient de 3,832 animaux de la race du pays, 60 étalons de pur sang, et 233 de demi-sang. Pendant les onze années qui se sont écoulées de 1865 à la fin de 1875 l'exportation annuelle de chevaux a dépassé l'importation de 7,364 têtes en moyenne.

Il n'y a actuellement en Danemark ni haras ni dépôt d'étalons, mais on distribue comme encouragement 30,900 francs en primes pour les étalons présentés dans les concours hippiques qui se tiennent dans douze villes différentes. En 1843, on avait établi un dépôt d'étalons qui, en 1852, comptait 40 sujets de la race de Yorkshire, (*coach horses*) et de celle du haras de Frédériksborg, ce dépôt ne rendit aucun service à l'élevage et ne put satisfaire aux exigences de la remonte militaire ; aussi fut-il fermé en 1862. Il est question de reprendre cet essai, et de former un nouveau dépôt d'étalons, autant que possible de pur sang, afin de pouvoir fournir les contingents nécessaires au service de l'armée, mais, jusqu'à présent, il n'y a rien d'officiel à ce sujet.

Comme nous l'avons dit plus haut, il s'était formé à Frédériksborg peu de temps après la réforme religieuse, un haras d'élevage avec les débris des écuries de la couronne et des cloîtres. Cet établissement fut dirigé pendant plusieurs siècles suivant les mêmes principes que les haras princiers contemporains. A côté des chevaux indigènes qui avaient déjà une grande réputation, on introduisit des étalons de la race orientale, et surtout de la race espagnole dans le but de créer le type parfait du cheval de selle ; l'exercice du carrousel servait de criterium. Une école d'équitation fut annexée au haras, et les étalons de race soumis à un dressage rigoureux pendant neuf mois de l'année, en sorte qu'ils ne passaient à Frédériksborg que le temps de la monte.

Depuis plus de cent ans, cette institution a perdu une partie de sa réputation première, surtout dès que la théorie des croisements pour parer aux inconvénients de la consanguinité commença à s'imposer. La race primitive d'ailleurs, ne cessait de dégénérer en même temps que les croisements prenaient de l'extension, et de 1830 à 1840, on pressentait déjà une dissolution imminente de l'établissement. De 200, le nombre des juments du haras tomba successivement à 40 puis à 20, reste avec lequel on tenta de rétablir l'ancienne race ou tout au moins de créer un type demi-sang ana-

logue au cheval de chasse anglais. Malgré l'introduction de pur
sang ou de sang oriental, le défaut de dressage et de régime fit
échouer les essais, et, en 1871, le haras passa entre les mains de
particuliers ; enfin en 1876, il fut totalement supprimé et les animaux vendus aux enchères.

Espèce bovine. — Les bœufs, comme les chevaux du Danemark, paraissent provenir d'origines différentes à l'est ou à l'ouest
du Grand Belt. A Seeland, il y eut d'abord une race petite, haute
sur jambes, grêle, osseuse, au pelage noir, bai-brun ou louvet,
semblant comme le petit bœuf de Scanie descendre du bœuf nain
(*Bos longifrons*, Owen), de même que plusieurs races naines du
Rauhe-Alp du Wurtemberg rappellent encore aujourd'hui les animaux à cornes fines ou sans cornes qui se trouvaient en Allemagne
au temps de Tacite. Les progrès de l'agriculture ont fait disparaître
cette race qui s'est fondue dans les races importées du Jutland ou
d'Angeln.

Dans le Jutland, on ne saurait méconnaître la parenté des bêtes à
cornes avec celles des terres basses du bassin de la mer du Nord.
C'est surtout avec la race hollandaise que les variétés de la péninsule ont le plus d'affinité par les formes et le pelage ; la taille cependant est moins élevée, surtout dans les landes où le sol maigre
et sablonneux n'offre qu'un pâturage rare et intermittent. Les
bestiaux du Jutland rappellent le type des animaux hollandais trans-
plantés dans l'ouest, surtout celui de la race bretonne. Le tronc
est allongé, le dos large et uni, le garrot saillant, les reins et
la croupe également larges et les côtes bien arrondies. L'avant-
train est un peu lourd ; l'encolure épaisse est garnie d'un fanon
assez massif, la tête est allongée, le mufle large ; les cornes, assez
grosses, se recourbent en avant, enfin les membres sont
musculeux et les articulations quelque peu noueuses ; le cuir
épais mais souple et d'une texture moelleuse, qui témoigne d'une
facile digestion. Le pelage est assez uniformément pie-noir
avec prédominance du blanc ou du noir. Souvent le noir passe au
gris foncé, et beaucoup d'éleveurs estiment que les bêtes de cette
couleur sont plus fines et plus faciles à nourrir que celles qui présentent des taches d'un noir tranché. Au sud du Jutland, et
aux environs de Ribe les animaux à pelage noir ou gris ardoisé
sont assez communs ; en général, ils y sont moins estimés que ceux
à robe bigarrée.

Les caractères des troupeaux jutlandais ne sont pas uniformes.
Ceux qui sont élevés à l'ouest et au nord du Limfjord se composent
d'animaux larges, épais et lourds, qui sont nourris en vue de
l'engraissement ; à l'est au contraire, où l'on se livre à l'industrie
laitière, les vaches ont les organes lactifères aussi développés que
chez celles de la race d'Angeln.

On se sert bien, dans quelques endroits, de bœufs pour les travaux de la culture, mais nulle part on ne tient compte de l'aptitude
au travail dans le choix des reproducteurs. On s'attache surtout

à augmenter les qualités laitières des vaches ; elles produisent en moyenne de 12 à 1,400 litres de lait par an, mais on peut arriver par une sélection bien entendue et un régime approprié pendant deux ou trois générations à obtenir des vaches donnant 2,000 litres par an. Quant à l'engraissement, on s'y livre dans les contrées où se trouvent de vastes prairies ; cette industrie est en voie de prosperité depuis l'établissement des voies de communication, les chemins de fer principalement, et l'embarquement direct des animaux gras pour l'Angleterre. En ce moment, on expédie une grande quantité de bestiaux à moitié gras, qui vont terminer leur engraissement dans les pâturages du Slesvig et du Holstein.

Voici quelques mesures qui peuvent donner idée de la taille des bœufs danois. Un taureau jutlandais de trois ans, de la race de Lemvig, qu'on a mesuré, a donné comme longueur $1^m,72$ avec une circonférence de $1^m,98$ à la poitrine. Quelques taureaux plus âgés avaient la même longueur, une circonférence de thorax de $2^m,14$. Les vaches laitières ont une longueur de $1^m,50$ à $1^m,52$ et $1^m,70$ de tour de poitrine (moyenne de 28 mesures). On trouve de très-petites vaches sur les landes ; on en a mesuré une qui n'avait que $1^m,51$.

Les bœufs jutlandais qu'on abat pour la boucherie fournissent en moyenne 50,42 % de viande, 5,93 % de suif et 8,18 de cuir. Le rendement en viande varie de 56 à 46 %.

Les animaux de la race d'Angeln ont les véritables caractères des bêtes à lait : taille moyenne, poitrail étroit, garrot élevé, épaules protubérantes, échine saillante, flanc creux, abdomen développé (la partie inférieure surtout est très-volumineuse), croupe mince et anguleuse, souvent pointue ; jambes hautes et mal attachées, culotte maigre ; mais, à côté de cela, la tête est fine, le cou long, mince et délié, presque sans fanon, les côtes sont bien arrondies et les organes lactifères bien développés. Le pelage est le plus souvent rouge clair ou sombre, la tête plus foncée que le corps ; rarement des taches blanches. Cette race, qui appartient à la portion orientale du Slesvig, est groupée autour de la presqu'île d'Angeln, avec son point central entre les deux villes de Flensborg et Slesvig, et se rencontre à son plus grand état de pureté dans les cantons de l'Est. Le développement de ses aptitudes est dû surtout à la persévérance judicieuse qui a présidé aux sélections. Cette race a été importée depuis longtemps déjà à l'île de Fionie où elle a servi à améliorer les types primitifs ; elle s'est répandue plus récemment dans les îles Laaland, Falster et Séeland où, dans certains grands domaines, on met le plus grand soin à la conserver pure. Cette mesure a d'autant plus d'importance, qu'à la suite de nombreuses acquisitions d'animaux de la race d'Angeln, on a comblé les vides au moyen de veaux des contrées environnantes au grand détriment de la pureté du type. On peut engraisser les vaches d'Angeln assez facilement, mais elles donnent une viande qui n'est ni de bonne qualité, tandis que les produits pour la laiterie sont considérables. Il n'est pas rare qu'une vache bien soignée donne de 2,000 à 3,000 litres de lait par an. On obtient des moyennes de 2,700 à 3,000 litres dans certaines étables bien tenues, et quelques vaches, dans leur première période de lactation, ont donné jusqu'à 3,800 litres.

On estime qu'il faut 28 kilogr. de lait pour donner un kilog. de beurre. Dans un domaine de Falster, on a calculé qu'avec une nourriture substantielle de grains, il suffisait de 27 kil. 840, mais qu'il en fallait 29 kilos en nourrissant les animaux à la betterave.

A Laaland, sur de bonnes fermes, on a produit de 82 à 87 kilos de beurre par vache et par an, on est même arrivé, en 1876, au chiffre de 94 kil. 7 dans un petit établissement qui ne comporte que dix vaches.

Les vaches d'Angeln ont une longueur moyenne de 1^m,56, et 1^m,72 de tour. Le poids d'une vache adulte varie de 300 à 350 kilos. Le nombre des animaux de l'espèce bovine a toujours été croissant au Danemark. En 1838, on comptait 854,276 individus; ce nombre s'est successivement élevé à :

1,118,774	en	1861
1,193,861	—	1866
1,238.898	—	1871
1,348,321	—	1876

Ce nombre comprend 14,972 taureaux de deux ans et au-dessus, 898,002 vaches, 99,486 bœufs, 435,862 têtes de jeune bétail. Ces animaux sont assez inégalement répartis sur le territoire; ainsi, tandis qu'il n'y a que 5,161 taureaux dans le Jutland et 9,811 sur les îles, on compte dans la région jutlandaise 95,214 bœufs, et 4,211 seulement sur les îles.

Parmi les races étrangères, la seule qui soit en faveur en Danemark est celle de Durham, dont on compte 786 taureaux, 317 sur les îles et 469 dans le Jutland.

L'élevage des bestiaux en Danemark donne lieu à deux exportations distinctes : celle du lait et du beurre et celle de la viande.

L'exportation du bétail vivant était déjà très-considérable avant que les duchés ne fussent séparés du royaume, et comportait de 1836 à 1847 une moyenne annuelle de 37,304 têtes de gros bétail et 11,833 veaux, et de 1852 à 1862, 61,122 animaux. Depuis la séparation, l'exportation a toujours été en augmentant, et depuis 1872, elle dépasse de beaucoup les quantités exportées avant 1864 par le royaume tout entier.

Espèce ovine. — Le mouton joue un rôle peu important dans l'économie des cultures danoises, bien que le nombre des bêtes ovines soit en rapport avec le chiffre de la population. Le mouton de l'ancienne race indigène est de taille moyenne ; il pèse de 25 à 30 kilogrammes ; il est de forme allongée, assez haut sur pattes ; il se rengorge, il a la tête longue, le chanfrein légèrement busqué, les yeux petits, les oreilles courtes et droites ; les cornes, qui ne se trouvent que chez le bélier, sont petites, grêles et arquées. La laine est peu serrée, grossière et souvent mêlée de fibres raides appelées jarre ou poils de chien ; le front, la majeure partie des joues ainsi que les pattes sont ras ou simplement velus ; le poil en est court, luisant et serré. La queue du mouton primitif était courte, grêle et pelée ; mais, par suite de l'amélioration due au croisement avec les races anglaises, elle s'est allongée et garnie de laine. On rencontre souvent des moutons noirs, quoique la race soit à laine blanche. La fécondité des brebis est assez grande ; il naît fréquemment deux agneaux à chaque portée.

Dans les landes du Jutland, on trouve les restes d'une race fort proche parente des *Luneburgske Haideschücken* ; elle est très-petite, (de 0^m,36 à 0,42 de hauteur), mais solidement bâtie, et couverte d'une laine courte, serrée et fine que dépassent de gros poils luisants. Les cornes se trouvent chez les animaux des deux sexes ; elles sont épaisses et très-courbées. Ces moutons ne produisent que 750 grammes de laine et 12 à 16 kilogrammes de viande, mais la viande et la laine sont d'excellente qualité.

L'élevage des moutons a subi de grandes modifications depuis un certain nombre d'années. Les troupeaux mérinos qu'on entretenait sur les grands domaines se sont dégarnis peu à peu ; on chercha d'abord à faire des animaux produisant à la fois de la laine et de la viande en introduisant dans les troupeaux de la race électorale, des béliers de Rambouillet et de Mecklembourg, puis on se borna à produire de la viande. On en revint au mouton indigène qui à force de soins, surtout dans les contrées les plus fertiles, se rapproche des types anglais, et avec lequel les croisements Dishley, Costwold ou Shropshire donnent d'excellents résultats.

Dans les endroits où l'on tient à conserver la race primitive à cause de sa rusticité et un peu aussi de sa fécondité, on introduit néanmoins un peu de sang anglais afin de donner une plus grande valeur aux produits. On obtient des agneaux qu'on peut livrer à l'abattoir dès la première année, et qui pèsent environ 40 kilogrammes ; l'été suivant, lorsque les moutons sont conduits à la boucherie, ils atteignent le poids de 70 à 75 kilogrammes. A ce produit s'ajoutent 2 à 3 kilogrammes de laine provenant de la tonte du printemps, puis la moitié de cette quantité à la tonte d'automne qui précède la rentrée des troupeaux à la bergerie.

En 1838, on comptait en Danemark 1,165,000 moutons ; ce chiffre s'est élevé successivement ; il était en 1876 de 1,719,249 têtes. En 1861, il se trouvait encore 75,495 mérinos, dont 1,186 béliers ; en 1876, le nombre des béliers de cette race était tombé à 367, par contre, le nombre des béliers des races anglaises s'est élevé et se montait la même année à 8,702 béliers Dishley et 1,618 Southdown.

Espèce porcine. — Le porc a subi les mêmes transformations que dans tous les pays où les résidus de la laiterie sont devenus la base essentielle de sa nourriture. Le cochon primitif à corps allongé, étroit, haut sur jambes, a presque partout disparu pour faire place à un animal perfectionné dont la transformation a été hâtée au moyen de croisements avec les races anglaises de Berkshire et de Yorkshire. L'exportation des animaux vivants et de la chair de porc a pris depuis 1871 un accroissement considérable. Il n'y avait en 1838 que 322,168 cochons sur les fermes du Danemark, ce chiffre s'est élevé pour l'année 1876, à 503,567.

Pendant onze ans, de 1852 à 1862, le chiffre d'exportation des animaux vivants a dépassé de 45,269 celui des importations, sans compter environ 2,500,000 kilogrammes de lard. Pendant les années 1869 et 1870, l'exportation des porcs vivants a sensiblement baissé, mais l'exportation du lard s'est élevée de 4 millions et demi à 8 millions de kilogrammes ; depuis 1875, les exportations d'animaux vivants ont augmenté de nouveau, le chiffre moyen dépasse celui des importations de 161,027 têtes.

L'économie du bétail a pris une très-grande importance en Danemark ; aussi les divers principes de zootechnie sur lesquels repose la théorie de l'éducation des animaux ont-ils à juste titre éveillé l'attention des agriculteurs qui en font la base d'actives discussions soit dans les comices, soit aux grandes expositions d'animaux reproducteurs.

On a dit que ce sont les théories de Buffon jointes à la supposition qui leur est intimement liée, du mauvais résultat des unions consanguines qui ont amené la dissolution du haras de Frédériksborg, si toutefois les insuccès ne sont pas dus à d'autres causes : à l'inexpérience des éleveurs et à l'état politique résultant des guerres continuelles qui ont désolé le nord de l'Europe au commencement du siècle. Les annales de Frédériksborg constatent que le haras livrait souvent des chevaux pour servir d'étalons, mais ce n'était guère que des chevaux étrangers, surtout de la race espagnole. Ces chevaux perdirent bientôt leur vogue pour cause d'infécondité. Les étalons anglais au contraire prirent faveur, notamment le demi-sang du Yorkshire, dont les premiers spécimens avaient été introduits dès 1824.

Quelques résultats heureux firent conserver longtemps ces étalons ; on ne remarqua pas que beaucoup de métis n'avaient pas réussi parce qu'ils ne pouvaient se développer sous un climat et à l'aide d'un régime qui étaient très-suffisants pour la race indigène.

La loi du 21 décembre 1843 prescrivait de reconstituer les dépôts d'étalons avec des animaux du Yorkshire, et par la loi du 31 mars 1852, il fut établi que la remonte pendant les six années suivantes serait empruntée à la même source. En peu de temps, le cheval pur sang eut de nombreux partisans ; mais les choses furent poussées à l'extrême, les mécomptes arrivèrent, les déceptions furent si nombreuses que les éleveurs jutlandais n'ont pu encore surmonter leur répugnance pour l'emploi du cheval pur sang.

On trouve d'intéressants détails sur ce sujet dans la discussion du projet de loi qui a été voté le 31 mars 1852, et surtout dans la constatation des motifs qui ont prévalu. Les commissaires ont sur-

tout agité la question de savoir quelle serait la race d'étalons préférable pour les dépôts de l'État, la nécessité de hâter le perfectionnement au moyen du croisement ne faisant aucun doute pour
eux. D'après cette opinion, le haras royal devait être une pépinière
où les dépôts d'étalons viendraient recruter leurs sujets. Mais, peu
de temps après, les savants s'efforcèrent de faire comprendre aux
agriculteurs de quelle importance sont les races pures, au point
de vue de l'élevage, donnant la pureté du sang comme le formu-
laire naturel d'un élevage systématique.

Ces observations frappèrent si vivement les agronomes réunis
en concours généraux, qu'aux grands congrès d'agriculture tenus
en 1859 et en 1861 ils sanctionnèrent cette théorie. Il en résulta
l'abandon des essais de transformation des races indigènes au
moyen d'étalons étrangers et la suppression des dépôts à dater du
31 juillet 1862. Pour les animaux de l'espèce bovine, il n'y avait
pas lieu de se préoccuper de cette question, les races indigènes avec
les perfectionnements qu'on y avait introduits répondaient trop
bien aux besoins de l'agriculture pour qu'on songeât à leur ino-
culer du sang exotique.

La surveillance de l'élevage, qui jusqu'alors avait été exercée au
nom de l'État par le directeur des haras, fut supprimée par la
même loi de 1862. C'est surtout à propos de l'élevage du cheval que
cette surveillance fut supprimée, mais la mesure atteignit indirec-
tement la surveillance qui s'exerçait sur les autres animaux domestiques. L'État se borne aujourd'hui à fournir une somme annuelle
de 18,680 francs pour être distribuée en primes et répartie entre
les comices au prorata de leurs budgets.

La loi a été favorable à l'élevage des chevaux, qui a fait de grands
progrès, surtout au point de vue agricole, et le cheval danois dont
les qualités se sont considérablement améliorées devient de plus en
plus un excellent article de commerce, il est préféré aux chevaux
fins de sang mêlé, qui viennent des marchés de la Suède et de l'Allemagne. La remonte militaire seule se plaint, il lui devient difficile
de trouver son contingent au dedans des frontières ; il serait cependant possible de combler le déficit en fournissant au pouvoir
administratif des fonds suffisants. La grosse jument du Jutland a en
effet toutes les qualités requises pour former avec un étalon pur
sang un produit qui se rapprocherait du cheval anglo-normand.

L'élevage des animaux de l'espèce bovine, surtout au point de
vue de la production du lait, s'est développé d'une façon constante
et est arrivé à donner les meilleurs résultats. Les qualités naturelles
des souches locales, la comparaison fréquente de ces animaux avec
ceux de l'excellente race d'Angeln, ont de bonne heure habitué les
cultivateurs à reconnaître les caractères extérieurs d'une bonne
vache laitière. L'attention continue à conserver ces caractères a
été le meilleur préservatif contre des croisements qui n'auraient
pu que les affaiblir. La traite systématique est d'ailleurs un puissant moyen de combattre les dispositions à la dégénérescence, et

avec ce système, il suffit de quelques générations pour fixer les qualités laitières et donner le véritable caractère de race à un croisement.

Il est à craindre cependant que l'exagération des qualités spéciales qu'on demande aux animaux domestiques puisse amener certains mécomptes. Les éleveurs danois sont bien revenus de l'habitude de mal nourrir leurs bestiaux, ils les nourrissent quelquefois trop, et la puissance galactogène ne saurait s'accommoder d'un excès de nutrition ; l'aptitude à l'engraissement devient prédominante, les vaches sont sujettes aux avortements et aux fièvres de parturition. On est arrivé à de semblables résultats en voulant développer dans le sens de la production laitière une race à caractères mal définis comme celle du Jutland, à laquelle on voulait faire acquérir rapidement les qualités propres à la race d'Angeln et qu'on a poussée à l'alimentation à haute dose. L'expérience démontre qu'il faut, au contraire, agir discrètement, de génération en génération, et se laisser constamment guider par le rendement du lait qui doit servir de critérium.

On a souvent tenté de résoudre le problème de la création d'une race laitière apte à l'engraissement. Que de mécomptes n'a-t-on pas éprouvés ! Cela tient à ce que, tout en cherchant à produire les qualités propres aux bêtes à lait, on ne s'apercevait pas pendant la durée des expériences de la transformation lente qui s'opère dans la charpente des animaux. Pendant la première période, le thorax et les formes générales ne semblent pas dégénérer ; mais plus tard, quels que soient les soins, les formes particulières aux races laitières apparaissent, ainsi que l'a constaté Baudement en 1862 sur des vaches à courtes cornes appartenant à M. de Sainte-Marie et provenant de l'étable de M. Bignon. Mais comme toute rupture de l'équilibre naturel des fonctions cause un dérangement dans l'économie, l'exagération des tentatives faites pour forcer la production du lait a amené l'affaiblissement des meilleures souches laitières. Déjà l'amincissement des formes et l'apparence anguleuse de la charpente sont des indices certains de faiblesse, et les éleveurs ont reconnu depuis longtemps que les veaux doivent errer en plein air autant que le permet le climat. Cette méthode fortifie leur constitution, bien qu'il soit hors de doute que les veaux élevés à l'étable croissent plus vite et sont beaucoup plus fins. Mais la finesse de la peau est elle-même un danger, puisqu'elle expose les jeunes animaux aux affections pulmonaires.

On a essayé de corriger la faiblesse de constitution de certaines races indigènes dans l'île de Fionie et dans le Jutland méridional en les croisant avec des Durham, mais les résultats obtenus ont été absolument négatifs.

Tant qu'on s'obstinera à de semblables tentatives, au lieu de suivre la méthode rationnelle du séjour en plein air pendant l'été, et de la stabulation avec ventilation complète dans des étables spacieuses et frictions méthodiques pendant l'hiver, on s'exposera à des déboires. Il est vrai que sous le climat du Danemark on doit craindre la circulation d'air refroidi dans des étables où la seule source de chaleur est le rayonnement du corps des animaux. Mais il est facile d'éviter les accidents, et l'importance que prend la production du lait forcera les agriculteurs danois à entrer dans la voie de progrès où les devancent les fermiers de la Hollande, de la Flandre ou de la Normandie.

L'industrie de l'engraissement n'est pas encore partout prospère ; cependant les bestiaux du N.-O. du Jutland possèdent des qualités supérieures, et l'on a pu voir aux expositions, des animaux bien soignés dès leur jeune âge, dont la conformation rappelait celle des Durham ; il leur manque encore la précocité, qui n'est le fruit que d'une éducation remontant à une longue série de générations.

Relativement au choix et à l'administration des aliments, l'agriculteur danois est l'image fidèle de son temps. Il n'épargne pas les aliments concentrés, soit le grain, soit les tourteaux ; depuis quelques années, il donne de grandes quantités de maïs. La culture des racines est un peu en retard, et bien qu'on ne puisse trop les conseiller comme alimentation dans les exploitations à laiteries, elles ont leur grande utilité dans les fermes d'engraissement. Les tableaux d'alimentation publiés par les stations agronomiques de l'Allemagne sont très-prisés par les cultivateurs du Danemark, où chacun cherche à donner une tournure rationnelle à ses procédés pratiques. Quelles que soient les erreurs dont sont entachés ces tableaux, — au point qu'on peut les accuser de n'avoir aucune base scientifique sérieuse, — ils ont exercé une grande influence chez les exploitants, qui sont tentés de donner une alimentation chimiquement nutritive, plutôt que de rechercher la forme plus ou moins assimilable sous laquelle cette nourriture doit être appliquée, afin d'être de facile digestion et d'acquérir une véritable valeur physiologique. Ainsi, la cuisson des aliments qui les rend plus facilement assimilables est loin de jouir de la faveur que mérite ce procédé.

Les ouvrages qui traitent de l'économie du bétail en Danemark sont peu nombreux ; on peut néanmoins citer les suivants :

H. Bendz. *Anatomie et physiologie des mammifères domestiques.* 3ᵉ édition, 1855-58, 1869-1876, 1 vol. in-8.
H. Prosch. *Conformation extérieure du cheval.* 4ᵉ édition 1875, 1 vol. in-8.
Le même. *Manuel de l'hygiène de sanimaux domestiques.* 3ᵉ édition, 1875, 1 vol. in-8.
Le même. *Economie du bétail.* 3ᵉ édition, 1878, in-8, 932 pages.
Le même. *Extrait des annales du haras de Frédériksborg,* 1856.
Le même. *Aperçu historique du haras de Frédériksborg,* 1866.
Baus. *Traitement des vaches laitières,* in-8. 2ᵉ édition, 1877.

HORTICULTURE

Le Danemark n'est pas un pays horticole. Jusqu'en 1876, on aurait à peine pu estimer la surface des terres consacrées à la culture des jardins. A cette époque on a adressé des questionnaires à toutes les sociétés locales et l'on a pu dresser une statistique de l'horticulture. Cette statistique démontre, ainsi qu'on pouvait s'y attendre, que les environs des grandes villes sont les endroits où l'on rencontre le plus de cultures maraîchères ou d'arbres à fruits, puis les parties méridionales des îles, et que les contrées le plus en retard sous ce rapport sont situées sur la côte ouest du Jutland où les terrains sont constamment battus par les vents. C'est à Odensée que se trouvent les meilleurs établissements horticoles et que la proportion des terres en jardins est la plus considérable ; a Ringkjöbing au contraire, on se livre peu aux travaux de l'horticulture.

La surface totale du Danemark est de 6,858,843, Tœnder Land (3,783,913 hectares) sur lesquels seulement 37,152 T. L. (20,497 hectares) sont consacrés à l'horticulture. Cette industrie est à peu près négligée au nord du Limfjord et sur toute la côte ouest du Jutland, tandis que sur la côte orientale, et notamment au sud des îles, elle est une véritable source de produits. C'est surtout dans les bailliages d'Odensée, Swendborg, Prestoe et Maribo qu'elle est en faveur.

La superficie cultivée en jardins est plus grande cependant aux environs de Copenhague, mais cela tient au voisinage de la capitale et à la grande consommation qui en est la conséquence.

Les autres villes marchandes ont une influence moins prépondérante sur la production horticole ; Aarhus et Odensée cependant font exception. Il arrive quelquefois que par des circonstances fortuites ou par suite de conditions physiques particulières une branche quelconque du jardinage joue un rôle important dans l'économie rurale d'un district ou d'une localité. C'est ainsi qu'à Holmsland, péninsule de peu d'étendue située dans le fjord de Rinkjöbing, on cultive sur une grande échelle les choux et les carottes, dont une grande partie est consommée sur place, mais dont le reste trouve un écoulement facile vers les autres provinces du Jutland.

Dans le bailliage de Viborg, et sur un point de ce département que ses bruyères sablonneuses rendent peu propre aux travaux de l'horticulture, se trouve un petit district, Lövskal, où les cerises sont cultivées depuis les temps les plus reculés. Les cerises pour conserves et les griottes sont là une source de revenus pour la population.

Dans le bailliage de Vejle, à Steensballe, on cultive les plantes potagères et surtout la carotte, et l'on est arrivé à créer une variété spéciale, la carotte de Steensballe dont la graine est recherchée dans tout le Jutland. Les paysans vendent leurs légumes dans les villes voisines, Vejle, Aarhus, Horsens, et en retirent d'assez beaux bénéfices.

L'île de Fionie, par la nature du sol et du climat, et par suite de l'exposition des terres abritées des vents d'ouest, est renommée pour ses cultures de jardins. La partie sud de l'île est peut-être, si l'on excepte la banlieue de Copenhague, la contrée du Danemark où l'horticulture a fait le plus de progrès et où cette industrie donne les plus beaux produits. Fionie est appelée le Jardin du Danemark. Cette désignation s'applique surtout aux bailliages d'Odensée et de Svendborg. Au nord de l'île, se trouvent deux localités qui méritent une mention spéciale : Middelfort, à l'entrée du Petit Belt, et le domaine d'Hofmansgave.

A Middelfort on cultive surtout le houblon. Bien qu'on ne puisse considérer cette industrie comme de l'horticulture proprement dite, on la considère dans le pays comme un travail de jardinage. Les houblonnières de Middelfort produisent la presque totalité du boublon indigène ; il s'en faut d'ailleurs de beaucoup que cette production, si abondante qu'elle soit, suffise à la consommation du pays, qui en importe plus de 500,000 kilogrammes des pays étrangers, de l'Allemagne principalement.

Hofmansgave est un domaine avec fermes attenantes qui, depuis deux générations, est entre les mains de propriétaires qui attachent une grande importance à la culture des arbres à fruits. Le propriétaire actuel a surtout déployé une grande énergie et fait cultiver sur une vaste échelle les arbres fruitiers nains : des poiriers, greffés sur coignassiers, et des pommiers, greffés sur doucins ou sur paradis. Depuis quelques années, il a fait venir de France plus de 50 mille jeunes arbres qu'il a distribués dans le pays et dont la plus grande partie a été plantée dans le jardin d'Hofmansgave et dans ceux que possèdent les paysans des environs. Dans un avenir peu éloigné, cette localité pourra fournir à la consommation une quantité considérable de fruits.

Les cultures du sud de Fionie et surtout de Svendborg sont également remarquables par la quantité d'arbres fruitiers qu'on y entretient. On les greffe sur des sujets vigoureux de la même espèce et on les laisse pousser à haute tige. Dans les deux petites îles voisines de Fionie, Fausinge et Langeland, les jardins des paysans sont aussi presque exclusivement couverts d'arbres à fruits ; cette culture est cependant un peu négligée depuis que les paysans sont moins directement sous la dépendance de leurs propriétaires qui, jadis, exigeaient d'eux soit des plantations nouvelles, soit l'entretien des anciennes.

Bien que les arbres qui restent soient assez vieux et quelque peu négligés, ils ne laissent pas que de donner d'assez beaux produits ; on estime qu'à Fausinge les poiriers et les pommiers qui ont atteint leur développement complet, donnent en moyenne 75 litres de fruits. Les poires et les pommes sont expédiées à Copenhague et dans les autres villes marchandes ; on en exporte même en Norwége ; une grande partie de la récolte est consommée sur place en nature ou transformée en cidre, boisson favorite de la région.

Peu de contrées sont mieux favorisées au point de vue de la végétation des arbres fruitiers que les environs de Svendborg. Un propriétaire hardi et intelligent, soigneux des meilleures méthodes de culture, a entrepris des plantations sur une grande échelle. Déjà onze hectares sont en rapport, il se propose de planter 55 hectares. Les produits sont expédiés dans les différents ports de la Baltique, sur les côtes septentrionales d'Allemagne, et en Russie, surtout à Saint-Pétersbourg.

A l'île de Seeland, comme à Fionie, c'est la partie sud qui se prête le mieux à l'horticulture et aux plantations d'arbres fruitiers. Cette dernière industrie est répandue auprès des villes marchandes de Prestö et Vordingborg ; mais elle est surtout florissante dans les villages de Sandvig, Kragevig et Pjederoed qui ont expédié cette année plus de 1,300 hectolitres de poires et de pommes sur le marché de Copenhague. Les variétés de pommes les plus cultivées sont les Nonnetille, Gravenstein, Pomme fraise de Slesvig, Calville d'automne, Pomme rouge, Pomme de fer, et quelques espèces portant des noms locaux tels que Pomme de fontaine, Aagesable, etc.

Parmi les poires, on cultive les beurrés gris, les bergamottes ainsi qu'une espèce locale qu'on nomme poire aux alouettes.

Sur les terrains calcaires qui entourent la butte de Stevns (*Stevns Klint*) on fait une culture assez étendue de cerises à confire et de griottes. On les expédie par quantités considérables à Copenhague ; les pépiniéristes de cette ville font venir de Stevns Klint des plants destinés à servir de sujets pour greffer leurs cerisiers. La ville de Copenhague s'approvisionne aussi de cerises, et surtout de guignes ou bigarreaux noirs d'Espagne, dans les environs de Fruirsoen, lac situé à deux milles au nord de la capitale ; cette culture se prolonge plus loin dans la même direction, sur le sol léger et sablonneux du bailliage de Frédériksborg.

C'est de l'île d'Amague que Copenhague tire la plus grande partie de son approvisionnement en légumes de tout genre, mais surtout les gros légumes, choux, racines, oignons, etc. Au commencement du seizième siècle, on fit venir dans cette île des paysans hollandais qui s'y fixèrent et dont les descendants s'adonnent toujours à la culture potagère. — Ils ont conservé leurs anciens procédés et ne font pas de culture forcée, ce qui permet aux maraîchers de Copenhague qui se tiennent au courant des progrès horticoles de réaliser de beaux bénéfices avec leurs primeurs.

Une zone d'un demi-mille de largeur autour de Copenhague est affectée à la culture maraîchère. Dans presque tous les établissements on mène de front l'entretien des pépinières, le commerce des graines potagères et la culture des fleurs. Il est rare que les horticulteurs s'adonnent à une culture spéciale. Cette industrie fait vivre honorablement ceux qui s'en occupent; bien peu sont arrivés à la fortune si ce n'est par l'accroissement du prix des terrains.

La culture des fleurs a pris depuis quelques années une grande extension. Il y a vingt ans, il n'y avait à Copenhague qu'un seul marchand de fleurs, on en compte plus de cinquante aujourd'hui. L'exploitation des pépinières est également en progrès. Presque tous les arbres fruitiers sont fournis par les pépiniéristes des environs de Copenhague ou des autres bailliages; autrefois on faisait venir les plants de l'Allemagne, de la Hollande et des autres pays étrangers.

Malgré l'augmentation considérable des produits horticoles en Danemark, la production est loin de suffire aux besoins de la consommation. On en importe annuellement à Copenhague de grandes quantités, surtout des légumes qui ne poussent que difficilement, même au moyen de culture forcée. En hiver, on voit sur les marchés des choux-fleurs et des asperges d'Alger ; dès le commencement de l'été apparaissent les fraises, les cerises et les autres fruits d'Allemagne qui mûrissent en pleine terre quinze jours plus tôt qu'en Danemark. Aux fêtes de Noël, on importe de Paris de grandes quantités de roses, de seringats et de fleurs diverses.

Les jardiniers font venir de France et des autres pays à climat tempéré des azalées, des rhododendrons, des palmiers nains, des lauriers, qu'ils ont à meilleur compte qu'en les élevant eux-mêmes. Les oignons de fleurs viennent de la Hollande. La production de poires et de pommes est elle-même insuffisante. On en introduit du dehors, surtout des anciens duchés de Slesvig et de Holstein. — On récolte rarement les graines potagères, qu'on tire d'Allemagne; depuis quelque temps cependant, une association s'est formée dans le but de propager les semences indigènes.

Comme dans presque tous les pays agricoles, l'État encourage les efforts de l'horticulture; un cours spécial lui est consacré à l'École royale agricole et vétérinaire, et depuis cinq ans, 3,000 francs environ ont été distribués en primes annuelles pour les jardins les mieux tenus. Pendant un certain nombre d'années, la Société pour l'encouragement de l'horticulture recevait une subvention de 600 kroner (834 fr.) et des fonds sont alloués à de jeunes jardiniers pour des voyages d'instruction à l'étranger. En outre, au moment de l'expropriation du jardin botanique de l'Université, le gouvernement a donné un million de kroner (1,390,000 fr.) pour la fondation d'un nouveau jardin botanique, somme à laquelle on a ajouté 50,000 kroner (69,500 fr.) qui ont permis d'exploiter et d'entretenir ce jardin aujourd'hui très-florissant.

La Société pour l'encouragement de l'horticulture compte plus de 700 membres des différents bailliages; elle possède un jardin fort bien entretenu d'une étendue de 4 Tœnder Land (2 hectares 20 ares) aux portes de Copenhague. — Elle a beaucoup contribué aux progrès horticoles par ses publications, par la distribution de bonnes graines, d'échantillons de plantes nouvelles, par les expositions fréquentes de produits de l'horticulture.

C'est la Société qui décerne les primes au nom du gouvernement sur la somme de 2,000 kroner qui est allouée à cet effet.

D'autres associations moins importantes se sont fondées également.

Il y a à Copenhague une réunion de jardiniers qui a pris le nom d'*Hortulania;* une autre à Aarhus avec un jardin d'expériences. Enfin il existe depuis vingt ans une société de secours qui vient en aide aux jardiniers âgés ou infirmes, aux veuves et aux orphelins ; elle distribue des subsides variant de 24 à 100 kroner.

La bibliographie horticole est peu considérable. Trois journaux spéciaux paraissent en ce moment ; deux d'entre eux traitent toutes les questions relatives à l'horticulture ; le troisième s'occupe surtout de pomologie.

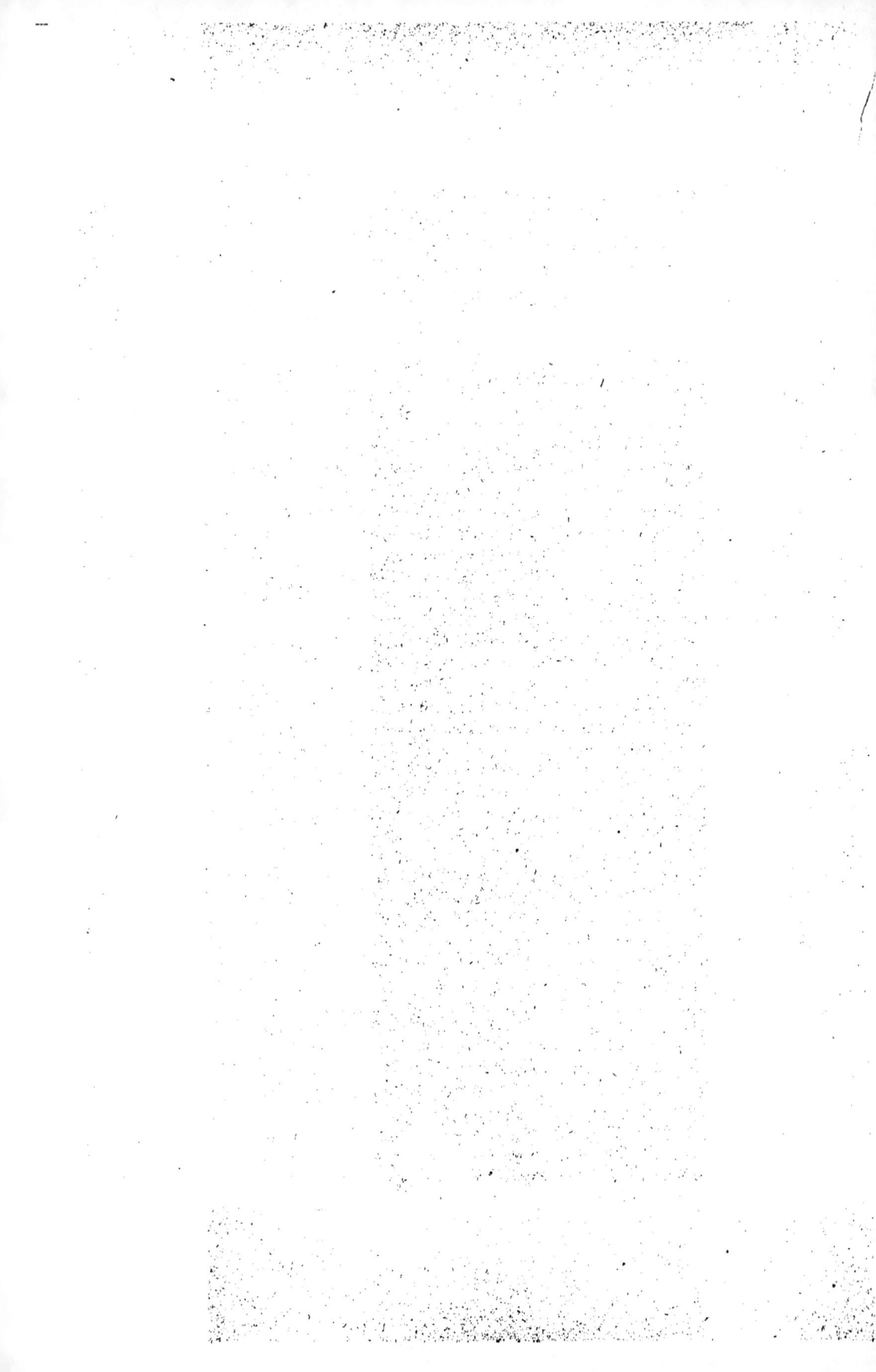

SYLVICULTURE

Historique. — Aux époques antérieures, le Danemark était couvert de vastes forêts qui, au dire des historiens, s'étendaient encore au onzième siècle sur la plus grande partie du pays. Comme ces forêts étaient exclusivement composées d'essences feuillues, surtout de hêtres et de chênes, le panage en constituait au moyen âge le revenu principal. Des villes et des villages accouraient des milliers de porcs qui venaient paître dans les vastes étendues des forêts avoisinant les terres défrichées. Quant au bois, il n'avait que peu de valeur et était considéré comme un bien commun. Outre les porcs, les forêts nourrissaient de nombreux troupeaux d'autres animaux domestiques, des chevaux, des bœufs, des moutons, des chèvres, et abritaient en même temps beaucoup de gibier, chevreuils, cerfs et daims importés au moyen âge, et des sangliers qui ont à peu près disparu depuis le siècle dernier.

Cependant, vers la fin du dix-septième siècle, le défrichement des agriculteurs, la dépaissance continuelle des bestiaux et l'exploitation démesurée des propriétaires et des usagers avaient tellement réduit l'étendue des forêts, que le gouvernement dut songer à édicter des lois pour en arrêter la destruction. Une suite d'ordonnances, dont les plus importantes portent les dates du 28 octobre 1670 et du 26 janvier 1733 limitaient l'exploitation, ordonnaient des plantations, des éclaircies et l'élagage des arbres avec une intelligence vraiment raisonnée des lois de la sylviculture.

Les efforts du gouvernement restèrent toutefois infructueux. Les seigneurs et les paysans détruisaient à l'envi ce bien naturel, et le défrichement marchait d'autant plus vite que la nature du pays n'offre presque nulle part d'obstacle sérieux à la charrue. En outre une vente considérable de domaines, avec les forêts y attenant, fit passer vers le milieu du dix-huitième siècle aux mains de spéculateurs intéressés une grande quantité de bois ; les nouveaux propriétaires se jetèrent sur les massifs des forêts dont les parties considérables disparurent à cette époque. Le Danemark était devenu vers la fin du siècle dernier le pays le plus déboisé de l'Europe, et le manque de bois en beaucoup d'endroits, et surtout à

Copenhague, était devenu tel que le gouvernement dut prendre des mesures pour approvisionner le pays de bois étrangers. L'ordonnance radicale du 27 septembre 1805 put seule arrêter les destructions et conserver à la postérité le reste des forêts du pays.

Déjà vers la fin du douzième siècle, les forêts avaient cessé d'être biens communs; et à la fin du moyen âge elles se trouvaient presque toutes entre les mains des seigneurs féodaux ou faisaient partie des domaines de la couronne. Les paysans avaient cependant conservé le droit de pâturage dans les bois, aussi leurs troupeaux achevaient-ils de détruire ce que la hache des propriétaires avait épargné. Cette servitude fut abolie par l'ordonnance de 1805 qui interdit le pâturage des chevaux et des bœufs dans les forêts. Il fut ordonné en outre que toute futaie serait conservée debout, et certains articles de la loi tendaient à garantir l'intégrité des massifs. Une surveillance active eut pour effet de faire exécuter ces prescriptions. La loi semble en outre avoir produit un effet moral. Certaines forêts n'étaient pas soumises aux prescriptions de l'ordonnance; elles furent cependant respectées, si bien qu'aujourd'hui la défense de défrichement ne s'applique qu'aux deux tiers environ de la surface boisée du pays. C'est donc à la loi de 1805 que l'on doit la conservation des forêts, leur distribution sur le sol du Danemark, le régime du traitement des futaies; quant aux taillis qui n'étaient pas visés par l'ordonnance et qui n'ont d'ailleurs jamais joué qu'un rôle peu important au point de vue forestier, ils ont presque entièrement disparu.

L'intérêt soulevé à la fin du siècle dernier en faveur des forêts n'a pas eu pour unique résultat la conservation des espaces existants; on s'efforça aussi de reboiser des terrains incultes surtout au milieu de la presqu'île du Jutland où plus de 100 milles carrés étaient couverts de tristes bruyères. Déjà en 1738, on avait planté à l'île de Seeland quelques sables mouvants, mais ce n'est qu'à la fin du siècle qu'on songea sérieusement au reboisement des landes. De 1791 à 1809, des plantations assez considérables furent entreprises surtout en Jutland, mais aussi à Seeland et à Bornholm. De 1809 à 1864, les reboisements s'étendirent sur d'autres parties du Jutland, et en 1839, le gouvernement fit planter sur quatre points différents les vastes dunes qui bordent la côte occidentale de cette province. Ce n'est pourtant qu'à partir de 1864 qu'on apporta à cette question toute l'attention qu'elle mérite.

La paix malheureuse qui suivit la guerre de 1864 eut comme conséquence un redoublement de zèle dans l'exploitation du territoire conservé; c'est grâce à cet esprit patriotique qu'a été fondée, en 1866, la *Société des Landes*, qui a pour but l'exploitation de ces terrains et leur plantation en bois. Cette Société, sous la direction intelligente et énergique de M. le capitaine Dalgas, a déployé une activité infatigable, heureusement favorisée par les années riches et fertiles qui se sont succédé depuis cette époque, soutenue par l'État, et encouragée surtout par l'intérêt général.

Par suite de ses efforts, plus de trois milles carrés (environ 17,000 hectares) ont été reboisés en Jutland et dans d'autres parties du pays pendant les dix dernières années.

Distribution, Étendue, Propriété. — Quand on examine les bois du Danemark, on voit que presque tous sont les restes d'étendues plus considérables, et que la distribution de ces débris n'est due qu'au hasard ; ils ne sont en effet composés que de ce qui restait en 1805. La fertilité du sol ou la topographie du pays n'ont aucun rapport avec la répartition des terrains boisés entre les différentes contrées.

Excepté trois forêts un peu grandes, à peu près un mille carré, tous les bois n'ont qu'une faible étendue. Ils sont assez bien répartis sur le pays ; ainsi les habitants du Jutland oriental sont rarement éloignés de plus de 20 kilomètres d'une forêt ; cette distance peut cependant s'élever dans la partie ouest à 80 ou 90 kilomètres. Cette contrée est presque entièrement déboisée, mais, comme le reste du pays, elle a été autrefois couverte de vastes forêts de chênes, de bouleaux et de trembles. Les landes incultes qui occupent aujourd'hui cette portion du Jutland, et qui ressemblent aux landes des parties septentrionales du Hanovre, de la Hollande et de la Belgique, ne proviennent cependant pas exclusivement de la destruction des bois. Le sol excessivement maigre et aride, l'âpre vent d'ouest et les fréquents incendies qui ravagent ces terres ont leur grande part, plus grande encore que les coupes déréglées, dans la disparition des forêts.

La superficie boisée du Danemark s'élève à 176,144 hectares, auxquels il faut ajouter au moins 14,000 hectares de plantations nouvelles encore improductives. Le rapport de la surface boisée aux terrains en culture est : sur les îles de 1 à 9, en Jutland de 1 à 25,1, pour tout le Danemark de 1 à 15,2.

Elle est, par rapport à la surface totale du pays, de :

Iles...................... 8,7 °/₀
Jutland.................. 2,5
Danemark entier.......... 4,6

Ce qui donne par habitant : 13 ares de forêts sur les îles, 9 ares en Jutland, et 11 pour l'ensemble du pays.

RÉPARTITION DU SOL FORESTIER.

Appartenant à l'État........................	41,000 hectares, soit	23,3 °/₀
Aux établissements publics..................	11,530 —	6,6
Aux propriétaires de mainmorte.............	49,830 —	28,3
Grandes propriétés libres forestières.........	41,330 —	23,4
Petites propriétés forestières libres...........	33,380 —	18,4

Il n'y a, en Danemark, qu'un nombre très-restreint de bois communaux, ils sont d'ailleurs compris dans les chiffres indiqués plus haut comme propriétés forestières libres.

Sol et climat. — Le sol se prête, en général, parfaitement à la sylviculture ; il y a cependant des distinctions à faire. Les terres marneuses, argileuses et argilo-siliceuses, qui sont ordinairement couvertes d'un terreau meuble et frais, produisent une végétation forestière aussi abondante que dans le nord de l'Europe centrale. Les terrains sablonneux portent également de beaux massifs ; mais certaines parties où la couche végétale se durcit et se change en une substance compacte et noire, où les hêtres souffrent de la sécheresse, conviennent peu aux espèces feuillues. La couche supérieure contient dans ce cas une notable partie d'acide humique libre, et 30 à 40 p. 100 de matières organiques, tandis que le terreau proprement dit des forêts de hêtres n'en contient que de 2 à 7 p. 100 et n'influence pas le papier de tournesol. Cet état physique des sols siliceux, et leur faible teneur en chaux expliquent le peu de vigueur de végétation des arbres à feuilles caduques, surtout des hêtres dans ces terrains. Aussi, depuis soixante-dix ans a-t-on remplacé les hêtres par les arbres résineux, l'épicéa principalement. La couche supérieure des landes jutlandaises a la même composition et oppose les mêmes obstacles à la sylviculture.

La forme ondulée du terrain, la petite étendue des forêts, la quantité de tourbières et de prés déboisés, donnent une grande importance à l'influence des vents. Le vent d'ouest surtout est très-nuisible à la croissance des arbres, mais les sols les moins abrités se dessèchent et se durcissent rapidement au souffle de tous les vents. C'est également à la configuration des terrains que sont dus les dommages annuels causés dans les forêts par les gelées printanières. On en souffre moins cependant en Danemark que dans les pays plus méridionaux où l'atmosphère est moins agitée. La violence des vents ne cause pas non plus de vrais désastres et ne nuit pas à l'exploitation des bois. Elle fait quelquefois tort aux massifs d'épicéa.

État général des forêts. — Les remplacements dans les forêts sont faits avec grand soin. On voit cependant dans beaucoup de bois des clairières de terrains maigres où le repeuplement a mal réussi. Le terrain ondulé présentant des alternatives non interrompues de buttes à terre légère et d'anfractuosités à sol tourbeux et marécageux, ou substantiel et humide, exerce une grande influence sur le caractère des forêts dont l'aspect et l'économie des plantations changent à chaque instant. Voilà pourquoi on ne trouve pas en Danemark, comme dans d'autres pays, de grands massifs homogènes ; les forêts sont divisées en une quantité de petits groupes d'essences diverses qui leur communiquent une physionomie spéciale et nécessitent une culture et un aménagement particuliers.

La surface totale des forêts se divise en terrains non boisés, labourables, dont l'usufruit appartient aux agents forestiers et fait partie de leurs appointements ; en chemins, prés, tourbières et lacs. Dans quelques portions du Jutland on rencontre des terrains vagues couverts de bruyères. En 1877, la surface boisée était à la surface totale des forêts dans la proportion de 84 p. 100 sur les îles et de 70 p. 100 dans le Jutland.

Depuis le commencement du siècle, on procède au repeuplement par voie d'ensemencement naturel et d'éclaircies dans tous les bois de l'État et dans les forêts de particuliers bien aménagées. Sans doute il y a une grande différence dans la manière dont sont traitées les forêts en Danemark; on peut cependant affirmer que dans celles de l'État, et dans les bois privés les mieux exploités, la sylviculture a fait autant de progrès que dans les pays plus favorisés.

Au dix-huitième siècle, plusieurs ordonnances prescrivirent la clôture des forêts, mais ce n'est qu'à la suite de la loi de 1805 que cette utile mesure fut généralement adoptée. Les forêts sont aujourd'hui entourées de fossés dont les revers sont plantés de haies vives qui servent à la fois d'enceinte pour les bois et de protection pour les terrains qui les avoisinent. Les fossés ont aidé le plus souvent à assainir le sol; depuis 1840 on a apporté un grand soin à cet assainissement. On compte, dans beaucoup de forêts, plus de 50 mètres de fossé par hectare.

La construction des routes est peu coûteuse dans un pays presque plat; la facilité qu'elles ont donnée aux transports encourage les propriétaires à les entretenir. Vers la fin de 1877, le réseau dans les forêts de l'État de chemins garnis de fossés d'écoulement, construits en pierres cassées ou en gravier, dépassait 30 mètres par hectare; les domaines privés bien exploités ne le cèdent en rien à ceux de l'État.

Essences. — Les forêts du Danemark étaient à l'origine exclusivement composées d'essences feuillues, surtout de hêtres et de chênes; depuis près d'un siècle on a introduit des espèces résineuses qui sont cultivées partout. Le hêtre a jusqu'ici occupé la plus grande partie de la surface boisée; il est considéré comme l'arbre national du pays. Sa croissance est aussi rapide, et son port aussi beau que dans les contrées de l'Europe occidentale. Dès les temps historiques on constate son envahissement aux dépens du chêne; essence à laquelle il disputait, il y a quelques siècles encore, la domination dans les forêts danoises. Dans les terrains calcaires, argileux et argilo-siliceux, où l'humidité du sol n'est pas trop grande, le hêtre est aujourd'hui l'espèce dominante. Dans les glaises humides ou dans les sables maigres et arides de la crête du Jutland, il n'a pu supplanter le chêne. Dans les sols où il se plaît, il n'est pas rare de voir des arbres de cent ans atteindre une hauteur de 27 à 33 mètres; les arbres de cet âge exploités témoignent d'un accroissement de trois centièmes de mètre cube par an. Son repeuplement naturel est assez facile partout où le terrain est en bon état. Bien que le hêtre, en Danemark, s'approche de son extrême limite Nord, on ne remarque aucun ralentissement dans sa croissance, même dans la partie septentrionale du pays.

Le chêne était jadis beaucoup plus commun qu'aujourd'hui. On en a la preuve non-seulement par la quantité de vieux chênes bien conformés qu'on rencontrait encore il y a quinze ou vingt ans dans les massifs de hêtre, et dont il ne reste que peu d'échantillons, mais aussi par les troncs d'arbres, conservés dans les tourbières, qui, à l'exception de quelques pièces de pins sylvestres, sont presque tous des troncs de chêne. On a enfin des données historiques.

La variété la plus ordinaire est le chêne pédonculé; le chêne rouvre n'apparaît que sur quelques points du Jutland et à l'île Bornholm. On trouve rarement le chêne seul, si ce n'est dans certains terrains argileux et humides des îles et du Jutland où le hêtre ne réussit pas, et où l'on peut voir les restes des anciennes forêts de chênes. Là il atteint un très-beau développement, il n'est guère dépassé par le hêtre. En futaie, un chêne de 120 ans s'accroît de trois centièmes de mètre cube par an; les baliveaux des taillis composés s'accroissent de cinq centièmes de mètre cube. On trouve des traces de forêts de chênes en broussailles, et quelquefois à hautes tiges avec des sous-bois garnis de genièvres, même dans les terres stériles et arides de la pente occidentale du Jutland, même sur la crête des terrains siliceux et maigres qui sépare les deux versants de la presqu'île. Le reste a disparu dès les temps historiques.

On rencontre en bouquets isolés ou plus souvent mêlés aux hêtres, le frêne, l'érable (*Acer platanoïdes*, L.) et l'orme (surtout l'*U. montana*, Smith), puis d'une manière plus sporadique : le tilleul (*Tilia parviflora*, Eheh.) et le charme. Cette dernière essence se plaît surtout dans les terres argileuses humides de la région méridionale; son extrême limite est en Danemark et ne dépasse pas le Limfjord.

L'aune (*A. glutinosa*, Gärtn), souvent mêlé au bouleau (*B. verrucosa*, Ehrh.) se trouve, dans les combes humides et tourbeuses des forêts et même sur les tourbières proprement dites. Cette essence se montre aussi çà et là, surtout en Jutland, dans des terrains sablonneux et arides, associée au tremble.

L'aune et le bouleau, comme le chêne, étaient beaucoup plus répandus autrefois; on en trouve de nombreux spécimens dans les tourbières, parmi les restes du pin sylvestre.

A tous ces arbres se joignent la plupart des essences moins importantes qui se trouvent dans les forêts de l'Europe centrale : l'érable sycomore, l'érable champêtre, le sorbier, le cerisier, le noisetier et beaucoup d'autres arbustes. L'*Alnus incana* a été introduit sur quelques sols tourbeux des forêts.

L'exploration des tourbières démontre que le pin sylvestre formait originairement avec le bouleau et le tremble les forêts du Danemark. Mais cette essence originelle semble déjà avant les temps historiques avoir été supplantée par le chêne qui à son tour cède de plus en plus la place au hêtre. Dans quelques petites îles isolées du Cattégat il existait encore des forêts du pin primitif du pays au siècle dernier.

Jusqu'au milieu du dix-huitième siècle on ne voyait pour ainsi dire pas d'arbres résineux en Danemark, le genièvre seul les représentait dans le pays ; mais, à partir de ce moment, on les a introduits, et leur culture s'est de plus en plus répandue, surtout dans les endroits où le hêtre pousse mal. Aujourd'hui ils sont très-communs et occupent une place importante dans l'exploitation forestière où l'épicéa joue le rôle principal ; le sapin, le mélèze, le pin de lord Weymouth et le pin sylvestre sont moins cultivés. Dans le reboisement des landes, on a surtout planté le pin à crochets (*Pinus montana*, var. *uncinata*, Ramond.), tandis que le pin noir d'Autriche et le *Picea alba* (Michx.) sont peu employés pour le reboisement. L'épicéa sera l'essence principale des futures forêts des landes ; le pin sylvestre n'y a pas réussi comme dans les terrains similaires d'Allemagne. Tous ces arbres résineux croissent bien et rapidement ; mais, sauf le mélèze, ils fournissent un bois tendre et de peu de valeur et ne pourront exempter le Danemark du tribut qu'il est obligé de payer aux pays étrangers pour l'approvisionnement de ses bois de construction.

Il serait difficile d'indiquer exactement la superficie qu'occupent les différentes essences dans les forêts ; cependant il résulte des procès-verbaux d'aménagement des forêts domaniales pour la période 1855-65 à 1875-85 les proportions suivantes :

	Commencement de la période.	Fin de la période.
Hêtre....................	51,77 °/₀	42,18 °/₀
Résineux.,.............	31,37	48,59
Chêne.................	7,42	4,90
Bois blancs............	5,34	3,56
Autres essences feuillues.	4,10	0,77

En examinant ces chiffres, on voit les progrès que font les arbres résineux aux dépens des autres essences. Il y a plusieurs siècles, le chêne était à peu près aussi commun que le hêtre ; aujourd'hui, le produit qu'on en retire n'atteint pas 10 p. 100 du produit total des forêts. Il y a cent ans, il y avait à peine quelques arbres résineux en Danemark, leur produit actuel est de 13 p. 100 du produit total. Si l'on ne réagit pas contre cet envahissement, il est à craindre que, dans un temps peu éloigné, on ne trouve plus dans les forêts danoises que des espèces résineuses dont les produits de mauvaise qualité permettent à peine l'exportation.

Ennemis principaux des espèces forestières. — En Danemark, comme ailleurs, les forêts sont en butte aux attaques des animaux et des plantes parasites. Ceux qu'on y rencontre sont à peu près les mêmes que dans le Nord de l'Allemagne. C'est surtout sur les espèces résineuses que les dégâts ont pris les plus vastes proportions. Parmi ceux dont parlent les annales forestières du pays, nous ne citerons que les désastres commis à Seeland en 1848-49 par le *Bombyx monacha* dans les pépinières de pin sylvestre, et dans les cultures d'épicéa du Jutland, de 1868 à 1876, par le *Lyda alpina* (Klugr.); les attaques de différentes espèces bien connues d'hylobes, d'hylésines, de bastriches, de hannetons éprouvent sérieusement chaque année les plantations résineuses. Les ravages du *Tortrix Buoliana*, auxquels sont exposées les pépinières de jeunes pins, sont un des principaux obstacles à la réussite de cette culture sur les landes du Jutland. Quant au *Gasteropacha pini*, il est jusqu'ici très-rare en Danemark. Il faut enfin compter avec les dégâts causés par les souris et le gibier.

Parmi les champignons parasites, c'est surtout le *Rhizomorpha fragilis* (Ruth) (*Agaricus melleus*) et le *Xenodochus ligniperda* (Willk), qui nuisent à l'épicéa; des cultures entières ont été détruites par ces deux espèces. Pendant les dernières années, presque toutes les pépinières de pin de lord Weymouth, qui se trouvent au Nord de Seeland, ont été ruinées par la variété du *Peridermium pini* (Léveillé) qui croît sur l'écorce, tandis que la variété qui croît sur les aiguilles a causé peu de dommages au pin sylvestre. Enfin en 1877, à l'île de Fionie, des dégâts considérables ont été occasionnés sur les mélèzes par l'envahissement du *Peziza Willkommï* (R. Hartig).

Régime. — Les bois du Danemark se composent en général de futaies. Ce régime, qui avait toujours été prédominant dans les forêts, s'est développé encore à la suite de l'ordonnance de 1805 qui interdit la conversion des futaies en taillis. Ce dernier mode d'exploitation est donc peu répandu, et appliqué presque exclusivement aux repeuplements d'aunes sur les sols tourbeux.

Les taillis sous futaies, si communs jadis, sont également très-rares. Ils étaient composés jadis de futaies de chênes avec des sous-bois de noisetiers; ils ont disparu pour faire place aux pleines futaies.

Aménagement. — Les coupes de bois en Danemark sont plus fréquentes qu'en France et en Allemagne. Les vieux massifs qui restent d'une époque antérieure aux méthodes de la sylviculture actuelle tendent à disparaître, les derniers débris seront exploités partout d'ici à vingt ans. Ce ne sera plus que dans des cas très-rares, et pour des motifs d'agrément, qu'on pourra conserver quelques restes de ces beaux bois de hêtres de 150 à 200 ans, ou des chênes de 200 à 300 ans qui font l'ornement des forêts. La plus grande partie des plantations nouvelles date de 1805 et n'atteindra jamais les proportions des anciennes forêts; l'aménagement en a été réglé en prenant pour base le taux de l'intérêt des capitaux industriels, la croissance rapide des arbres, et l'écoulement avantageux des produits.

Déjà, au commencement du siècle, l'intelligent comte de Reventlow, le premier Danois qui ait fait des études scientifiques sur l'économie forestière, avait fait prévaloir ces idées qui ont été reprises depuis et mises en pratique par les sylviculteurs les plus savants, notamment par M. le professeur Hansen. Grâce à leurs efforts, on a admis qu'une coupe devait être exploitée lorsque son accroissement annuel cessait de représenter l'intérêt du capital engagé. Ainsi on abat ordinairement les futaies de hêtre à l'âge de 80 ou 100 ans; le chêne à 110 ou 120 ans, parce qu'à cette époque leur accroissement ne représente plus 3 p. 100 du capital. Pour le frêne, l'érable et l'orme, les coupes reviennent aux mêmes époques à peu près que pour le hêtre; quant aux taillis d'aunes, on les coupe tous les 25 ou 30 ans.

Les arbres résineux ne donnent que des produits médiocres; à peine emploie-t-on à la charpente les sapins, les épicéas, les pins sylvestres; il faut demander le bois de construction aux importations étrangères. L'épicéa, seule espèce résineuse de bonne qualité en Danemark, est aménagé par coupes de 80 ans au plus, et souvent de 50 ans; on en tire des pièces faibles propres à la construction rurale. Le pin sylvestre et le mélèze sont souvent conservés jusqu'à l'âge de 100 ans.

En 1763, on confia à M. de Langen, sylviculteur allemand, le soin de régler le mode d'exploitation des forêts domaniales en Danemark. Dans ce premier essai d'aménagement, on employa un mode d'assiettes de coupes annuelles, peu différent de la méthode française dite *à tire et à aire*. Vers la fin du dix-huitième siècle on fit usage de la méthode de régénération naturelle, venue d'Allemagne.

Depuis cette époque est pratiquée la *méthode des compartiments* de Cotta, celle de G. L. Harting, ainsi que la formule de Hundeshagen, mais surtout l'aménagement par contenance et volume combinés aussi bien dans les forêts de l'État que dans les domaines privés.

Il y a environ quinze ans, de nouveaux principes d'aménagement des bois sont venus remplacer les anciennes méthodes; ils sont dus à l'influence des idées modernes allemandes émises par MM. Pressler, Judeich, G. Heyer et autres auteurs dont les théories ont trouvé une application facile sur le sol du Danemark, peut-être mieux préparé qu'aucun autre à la pratique de leurs principes.

Il y a déjà longtemps qu'on a renoncé dans les forêts de l'État à calculer le revenu pour toute la durée de la végétation; d'après le règlement de 1877, on ne l'établit que pour la première période de 10 à 20 ans. Les idées relatives au rapport soutenu se sont sensiblement modifiées. Malgré des études qui ont duré plus d'un demi-siècle, la réglementation des *classes d'âge* sous l'influence de la méthode des compartiments n'a pas donné des résultats satisfaisants. Les difficultés qu'offre souvent la régénération naturelle des massifs de hêtre, les méprises trop fréquentes causées par le choix des essences et des méthodes de repeuplement ont troublé incessamment les dispositions prises dans les plans d'ensemble, et prouvé combien il est difficile en Danemark de rapprocher une forêt de l'état normal de manière à en assurer par réglementation l'accroissement soutenu.

En outre, les propriétaires n'auraient aucun avantage à conserver un système qui leur impose des sacrifices énormes tout au profit du seul consommateur. La quantité de ports de débarquement, le réseau de routes et de voies ferrées permettent d'introduire partout des bois étrangers à peu de frais ; en outre les forêts sont insuffisantes à la consommation du pays où les rares industriels s'approvisionnent de bois exotiques ; on a donc tout intérêt à abandonner la combinaison du rapport soutenu.

La réglementation des classes d'âge se fait aussi bien que possible au moyen des plans de culture, en ayant soin de maintenir la régularité des parcelles et la division de coupes la plus avantageuse. Le parcellaire des forêts danoises ne présente pas le même caractère de régularité que ceux d'Allemagne ou de France; cela tient à la variation continuelle de la nature et de la disposition du sol dont la surface ondulée nuit à la régularité des parcelles. Les cartes forestières, même celles des bois les plus réguliers, offrent donc un aspect tout différent de celles des grandes forêts de l'étranger. Il semble toutefois que depuis peu de temps on cherche à régulariser le parcellaire (Règlement sur l'aménagement des forêts de l'État, 1877) pour faciliter l'enregistrement des frais et des produits de chaque parcelle.

Régénération. — Le repeuplement se fait ordinairement par voie artificielle en Danemark. Le hêtre est la seule essence qui se régénère assez fréquemment par coupes d'ensemencement. Encore aide-t-on à ce repeuplement naturel par des moyens artificiels. Le réensemencement naturel a été en grand usage au commencement du siècle ; on voit d'assez beaux bois qui ont été refaits par cette méthode, mais depuis une trentaine d'années, on a préféré recourir à la plantation pour regarnir les nombreuses clairières qui se sont produites. Les coupes d'ensemencement étaient faites assez claires; on leur faisait succéder très-vite des coupes secondaires, les résultats n'ont pas toujours été satisfaisants ; aussi on ne les entreprend plus qu'après avoir préalablement labouré le sol par bandes alternes ou par carrés, opération pour laquelle on emploie soit la charrue, soit de préférence des herses à dents flexibles ou des herses rotatives. Ces instruments, d'invention danoise, et peu connus à l'étranger, font un excellent travail. Dans les terrains ameublis par les herses ou naturellement meubles, les ensemencements réussissent assez bien, quoiqu'il soit presque toujours urgent de regarnir au moyen de plantations; dans les terrains gazonnés ou durs, l'ensemencement naturel ne réussit qu'à l'aide d'un vigoureux labour; aussi y renonce-t-on le plus souvent.

Au commencement du siècle on faisait encore quelques semis naturels de chênes, mais aujourd'hui on les élève en pépinière pour les replanter ensuite; et l'on peut dire que, sauf pour le hêtre où la moitié à peu près du repeuplement a lieu par semis en place, la régénération des forêts se fait par plantations.

Presque toutes les essences sont plantées de trois ans à six ans; on plante quelquefois plus tôt des hêtres et des pins ainsi que des chênes qu'on emploie à l'état de demi-tiges. Les plants sont presque toujours élevés en pépinières; la plantation se fait ordinairement sur labour à la bêche. Voici un tableau qui indique l'espacement des plantes sur une moyenne de cent inspections forestières :

NATURE DES PLANTS.	SURFACES OCCUPÉES EN MÈTRES CARRÉS.					TOTAL.
	0,4 à 0,7	1	1,3	1,7	2,3 à 4	
Hêtre......................	8	26	24	42	0	100
Essences feuillues.............	1	15	21	50	13	»
Arbres résineux.............	1	15	30	53	1	»

Les repeuplements par voie de plantation aussi bien que les ensemencements naturels laissent des vides qui ont besoin d'être comblés; 26 p. 100 des plants sont employés à cet effet.

Les frais de régénération sont assez élevés, on ne peut pas les estimer à moins de 100 francs par hectare.

Quant au reboisement des landes, on a commencé par des semis en plein ou par places; aujourd'hui on plante soit dans des trous creusés à la bêche, soit en terre profondément défoncée au moyen de la grande charrue américaine, en suivant la méthode usitée dans les landes du Hanovre. Le labour se fait en plein ou par bandes alternées à une profondeur de 50 à 60 centimètres. La Société des landes emploie sur une grande échelle la charrue américaine; les frais de plantation s'élèvent de 100 à 200 francs par hectare.

Composition des essences de repeuplement. — Le peu d'étendue des forêts danoises, le prix assez élevé des produits forestiers, même du menu bois, l'élévation des frais de main-d'œuvre, toutes ces conditions ont fait étudier quels seraient les meilleurs mélanges au point de vue du rapport et de la croissance rapide. Ce n'est cependant qu'en tâtonnant qu'on agit, et l'on ne peut pas dire que les sylviculteurs aient complétement atteint le but qu'ils se proposent.

Les fourrés de hêtre sont ordinairement regarnis de basses tiges d'épicéa destinées à être supprimées par les premières éclaircies,

de façon à ne laisser plus tard qu'une seule espèce. Le hêtre est
également mélangé d'érable et de frêne sur les terres franches;
enfin sur d'autres parties on introduit régulièrement parmi les
hêtres des mélèzes et des pins sylvestres destinés à ne tomber
qu'en même temps qu'eux. C'est ainsi qu'ont été produits les rares
échantillons de haute valeur appartenant à ces espèces résineuses
qui se trouvent dans quelques forêts. Sur des terrains qui ne sont
pas trop maigres, on plante au milieu des épicéas un petit nombre de mélèzes qui sont conservés jusqu'à l'exploitation de la
coupe.

Lorsque des chênes, comme cela arrive assez fréquemment,
sont disséminés dans des forêts de hêtres, leur cime ne peut se
développer, ils n'atteignent pas des proportions qui permettent
de les exploiter, et à l'âge de cinquante à soixante-dix ans, ils disparaissent lorsqu'on veut tenir le massif à l'état complet. Aussi
plante-t-on généralement le chêne seul; mais lorsque les arbres ont
atteint l'âge de quarante à cinquante-cinq ans, suivant la fertilité
du sol, on sème ou on plante des hêtres à l'abri des chênes, afin de
maintenir les qualités physiques du terrain et de pouvoir l'exploiter
plus complétement. Par cette opération, pratiquée à cause de sa
complète réussite dans presque toutes les inspections du pays,
les massifs de chêne sont en voie de conversion en *futaie sous-futaie*.
La plupart des autres essences à couvert léger, — le pin sylvestre
et le mélèze notamment, — sont traitées de la même manière et l'on
trouve dans les forêts de l'État de remarquables échantillons de
ce mélange.

En résumé, les massifs élevés pendant les quarante premières années du siècle par la suppression inévitable du chêne et
d'autres espèces au milieu des hêtres ne présentent plus qu'une
espèce; les nouveaux massifs, au contraire, sont repeuplés en mélanges.

Éclaircies. — Les éclaircies sont plus fortes en Danemark que
dans les forêts du reste de l'Europe. Ce fait tient non-seulement à
l'écoulement facile des jeunes bois, mais encore à un système particulier de traitement des forêts, dû à des recherches scientifiques
qui ont pour base d'abord le remarquable mémoire du comte de
Reventlow, publié en 1816, puis les travaux de M. Oppermann et
plusieurs autres forestiers. Sans entrer dans les considérations
théoriques auxquelles se sont livrés ces auteurs, on peut faire
comprendre par le tableau suivant — expériences sur les éclaircies
de hêtres dans une forêt de l'État en Odsherred (sol argilo-siliceux de qualité médiocre, mais meuble et frais), — l'avantage de
cette méthode.

Ces expériences sont d'accord avec les autres recherches faites
en Danemark sur la question, bien qu'elles diffèrent des indications fournies par les auteurs étrangers. Les éclaircies périodiques
se font à des époques variant de trois à sept ans, maintiennent le
bon état du sol et ont pour résultat que la cime des arbres est à peine

de la moitié de la longueur du tronc. On éclaircit comme les hêtres les autres essences à feuillage épais.

AGE.	NOMBRE de pieds par hectare.	HAUTEUR MOYENNE des tiges. Mètres.	DIAMÈTRE MOYEN des tiges. Centimètres.
AVANT L'ÉCLAIRCIE.			
20	3,311	6,4	5,9
30	2,199	10,9	10,3
40	1,478	15,1	14,7
50	7,010	18,8	19,1
60	706	21,8	23,5
70	510	24,2	27,9
80	382	25,8	32,3
90	299	26,9	36,7
100	245	27,4	41,4
APRÈS L'ÉCLAIRCIE.			
110	226	27,5	45,0

Quant aux espèces à couvert léger, on active également leur croissance par des éclaircies, sans perdre de vue le développement du tronc. Voici comment se pratiquent les éclaircies dans les forêts de chêne.

Age.	Nombre de pieds par hectare après l'éclaircie.	Age.	Nombre de pieds par hectare après l'éclaircie.
20 ans	3,260	70 ans	140
30	1,520	80	123
40	740	90	109
50	435	100	100
60	250		

Sur un sol qui convient à la culture du chêne, ce traitement permet de produire des troncs de 10 à 11 mètres de hauteur avec un diamètre de 0^m,60 à 0^m,70, à 1^m, 30 du sol.

Pour abriter le sol et en tirer meilleur parti, il convient de cultiver des sous-bois. Autrefois on employait à cet usage le noisetier en taillis, mais depuis vingt ans environ on plante des hêtres, comme nous l'avons indiqué plus haut. On pratiquait autrefois l'élagage des chênes dans les bois soumis à une inspection soigneuse, mais l'intérêt si croissant des plantations a fait négliger cette excellente mesure. L'élagage des autres essences n'a été jusqu'ici tenté qu'à titre d'essai.

Produits. — Les produits ligneux s'élèvent, d'après les statistiques des trois dernières années, aux quantités suivantes :

MÈTRES CUBES PAR HECTARE.					
PROVINCES.	Surface totale.	Surface boisée.	PROPRIÉTAIRES.	Surface totale.	Surface boisée.
Les Iles..........	4,8	5,8	L'État................	4,7	6,0
Le Jutland.......	3,0	4,3	Particuliers ayant plus de 800 hect. de forêts..	5,2	5,9
Danemark entier.	4,2	5,2	Particuliers ayant moins de 800 hect. de forêts.	4,8	5,3

Les revenus des forêts de l'État sont supérieurs à ceux des particuliers, et cependant ces forêts occupent des terrains siliceux et maigres. Tous ces produits sont ordinairement des bois de chauffage; 12 à 15 p. 100 de la production des trois dernières années seulement consistaient en bois d'œuvre.

Les forêts ne produisent pas que du bois, on en retire encore des écorces de chêne pour les tanneries. Pendant les trois dernières années la production du tan a été de 14 à 27 kilogrammes par hectare de la superficie totale des bois, ce qui donne environ 6 millions de kilogrammes pour le Danemark. Cette production est insuffisante, on en introduit annuellement encore 6,900,000 kilogrammes. La production des écorces tannantes n'est pas égale à la moitié de la consommation, et elle diminue de jour en jour.

On retire encore des forêts 70 kilogrammes de foin par hectare de la superficie totale. Les tourbières enfin produisent une énorme quantité de combustible. Les produits forestiers sont en général d'un facile écoulement et payés à un prix rémunérateur, sauf en quelques points de l'intérieur du Jutland où les grandes tourbières font baisser le prix du chauffage.

Pour donner une idée de la situation économique de la sylviculture en Danemark, on a réuni en un tableau les prix moyens des produits forestiers pendant les trois dernières années, déduction faite des frais d'exploitation, d'extraction et de vente. Les prix sont exprimés en francs par mètre cube.

	Les Iles.	Jutland.
Hêtre, bois d'œuvre...........	32,97	27,55
— — de corde........	17,48	12,64
— menu bois...........	8,58	3,61
Chêne, bois d'œuvre........	40,19	37,50
Frêne —	31,19	30,71
Epicéa —	17,61	16,84

Le produit des cultures de chêne et de hêtre peut être considéré comme fournissant pour l'intérêt à 3 p. 100 de la valeur du sol, 500 à 750 fr. par hectare, suivant la formule de Faustmann : cette production diminue beaucoup et se réduit à 0 sur les sols maigres en quelques points de l'intérieur du Jutland.

Manière de façonner et de débiter les bois. — Les produits forestiers trouvant d'ordinaire leur écoulement dans les environs immédiats des lieux de production sont très-peu façonnés. Pour le bois de chauffage, on débite des bûches ou rondins de 2 pieds de long, qu'on empile sur trois pieds de hauteur et une longueur de 12 pieds. C'est ce qu'on nomme une corde, qui correspond à peu près à 2 mètres cubes. Le même bois se vend par piles ou amas contenant d'un demi-mètre à un mètre cube. Le bois d'œuvre est toujours vendu en grume ; le bois de chêne destiné aux constructions navales et quelquefois, mais rarement le bois de charpente provenant des essences résineuses, sont équarris dans le bois. En Jutland, et rarement dans les îles, lorsque le balivage a été fait en délivrance, les arbres se vendent sur pied, surtout ceux qui peuvent faire du bois d'œuvre. La vente des produits forestiers a ordinairement lieu aux enchères publiques.

Commerce de bois. — Le commerce de bois est peu développé en Danemark. La seule marchandise de spéculation et de commerce de gros est le quartier de hêtre employé comme bois de chauffage. Quant aux menus bois et même aux bois d'œuvre, ils se consomment, en général, dans les environs immédiats des forêts. Cette situation est défavorable aux propriétaires forestiers. Depuis quelque temps la houille fait une rude concurrence au bois de chauffage dont le prix est réglé par le cours du charbon de terre. Voici dans quelles proportions se consomment le bois et la houille en Danemark :

CONSOMMATION A COPENHAGUE PAR INDIVIDU.

	Bois de chauffage. Mètres cubes.	Houille. Hectolitres.
1841-45	0,636	0,88
1846-50	0,622	1,79
1851-55	0,614	2,36
1856-60	0,564	2,84
1861-65	0,468	3,56
1866-70	0,452	4,02
1871-75	0,408	4,60

On voit que la consommation de bois diminue en même temps que celle de la houille augmente ; depuis trente ans les prix tendent à la baisse quand on dégage les fluctuations des prix de ces marchandises des changements nominaux causés par les altérations de valeur des métaux précieux.

Le contraire a lieu pour les bois d'œuvre, leur exploitation a encore peu d'importance ; cela tient surtout à l'organisation incomplète du commerce des bois. On ne va pas chercher dans des forêts de minime étendue des bois qui sont perdus pour la construction, et les grandes industries s'adressent aux märchés étrangers, à la Suède, à la Norwége, aux ports russes et allemands de la Baltique qui importent en Danemark plus du tiers de la consommation annuelle.

Industries. — Nous avons dit que le peu d'étendue des forêts et leur dissémination sur toute la surface du pays s'étaient opposés au développement du commerce; pour les mêmes raisons les industries qui emploient le bois sont à peu près inconnues. Le Danemark a peu d'eau courante, aussi à peine s'est-il établi quelques scieries à eau : à part la fabrication des sabots dans l'intérieur du Jutland, on peut dire que l'industrie des bois n'existe pas. La carbonisation même se fait sur une très-petite échelle et toujours en dehors de la forêt. Depuis un certain nombre d'années des fabriques pour le façonnement des bois du pays se sont installées dans plusieurs villes du Jutland ; elles ne paraissent pas prospérer, les frais de transport absorbent les bénéfices. Quant aux scieries à vapeur de Copenhague, elles débitent plus de bois étranger que de bois indigène.

Impôts. — La base de l'impôt sur les forêts est toujours celle de 1688 : le parcours des porcs ou pannage, bien que cet usage ait disparu depuis longtemps des coutumes rurales. L'étendue de terrain capable de nourrir 24 porcs a été prise comme unité fondamentale (*Tænde Skovskylds-Hartkorn*) de contribution.

Tous les impôts publics ou communaux sont payés suivant cette base, mais ils ne sont que la moitié de ceux qui frappent l'unité correspondante agraire (*Tænde Ager-oy Engs-Hartkorn*). Les forêts paient ordinairement de 2 à 5 francs d'impôts par hectare.

Administration des forêts de l'Etat. — L'administration des forêts domaniales dépend du ministère des finances; le service comprend 3 conservateurs et 22 inspecteurs, assistés de 6 adjoints, 42 gardes généraux, 10 brigadiers et 230 gardes. L'aménagement est confié à un bureau spécial, composé d'un chef et de 4 à 6 adjoints. La direction centrale appartient au ministre et au chef du département des domaines.

Les gardes généraux (*skovfoged*), les brigadiers (*opsynsmand*) et les gardes (*skovlöber*) font le service de police et de surveillance; les gardes, cependant, qui forment l'élite fixe des ouvriers forestiers, prennent part aux travaux d'exploitation et de culture autant que le permet leur service de surveillance. La gestion proprement dite est l'affaire de l'inspecteur (*skevridor*), dont les fonctions tiennent à la fois du garde général et de l'inspecteur dans le système français. Il fait le service administratif, sous sa propre responsabilité et traite les forêts confiées à ses soins conformément aux plans d'aménagement acceptés par le conservateur et ratifiés par le ministère.

L'étendue des inspections est, en moyenne, de 1700 hectares. Les inspecteurs procèdent à la vente aux enchères publiques des produits, dont le prix est versé dans les caisses des receveurs généraux. Ces derniers sont responsables des rentrées. Les conservateurs (*overförster*) sont des agents de contrôle chargés de surveiller et de vérifier tous les services ; ils sont, en même temps, les conseillers experts du ministère.

Pour être nommé inspecteur, il faut passer les examens de l'école forestière; les mêmes conditions sont imposées à ceux qui veulent entrer dans le service comme adjoints des inspecteurs ou du chef d'aménagement. Un certain nombre de gardes généraux est également recruté parmi les anciens élèves de l'école.

Surveillance des bois privés. — La surveillance des bois des particuliers appartient au ministère de l'intérieur. La loi du 27 septembre 1805 ordonna le partage de toute propriété indivise, l'abolition du droit de pâturage, et interdit le défrichement des futaies existantes. Le partage des parcelles indivises était effectué dès 1811, le ministère n'a donc plus à s'ingérer dans les forêts privées à ce propos, mais sa surveillance est encore nécessaire relativement aux autres dispositions de la loi.

Les propriétaires des grands domaines où se trouvaient des forêts privées de droits d'usage, furent autorisés à s'en affranchir par voie de *cantonnement moderne*, mais à la condition expresse de ne céder aux usagers que des terrains non boisés. Les terres ainsi cédées devaient rester aux mains de leurs nouveaux propriétaires, sans pouvoir être plus tard réunies aux grands domaines, à moins que ce ne soit pour en opérer le reboisement. Les futaies existant au moment de la promulgation de la loi doivent être tenues en bon état sous peine d'amendes considérables. Il est défendu à tout acquéreur d'une forêt d'y couper sans autorisation pendant les dix premières années d'autres bois que ceux nécessaires à sa consommation et à celle de ses fermiers.

Cette autorisation d'ailleurs n'est jamais refusée à la condition que les coupes soient réglées par les agents de l'administration et faites sous leur surveillance. Le ministre de l'intérieur peut autoriser les défrichements, à condition toutefois que le propriétaire replante un terrain de même étendue que le bois qu'il veut mettre en culture, ou de plus grande étendue si le terrain défriché est planté en chênes ou en hêtres et si le terrain à replanter est impropre à la culture de ces essences (Circ. du 27 mai 1858). L'ordonnance du 3 décembre 1819 défendait le partage des forêts entre héritiers, à moins que les lots ne fussent au moins de 55 hectares 16 (100 *tænder-land*), et que le partage ne pût être nuisible aux repeuplements. La surveillance est confiée aux agents supérieurs du ministère (*amtmand*, bailli, préfet), aux sous-préfets (*herredsfoged*) et à 9 agents forestiers désignés à cet effet. Ces derniers ont l'administration complète des bois des *bénéficiaires*, curés de paroisses dans les villages, bois peu nombreux d'ailleurs. Les agents forestiers sont payés sur le budget du ministère.

Enseignement. — La première école forestière du Danemark fut fondée en 1785 à Kiel en Holstein. Elle s'y maintint sous l'intelligente direction de M. Niemann jusqu'à sa mort, en 1830. Cette école installée dans un duché où l'on parle allemand, où les cours étaient faits en allemand et sous l'influence des théories des sylviculteurs allemands Cotta, Hartlig, et autres savants célèbres, a communiqué à l'ancienne génération des forestiers danois l'empreinte de l'esprit germanique. L'école de Kiel fut supprimée en 1832, et l'École polytechnique de Copenhague fut chargée de l'enseignement forestier. En 1860, il en fut de nouveau distrait, et confié à l'Académie agricole de Copenhague.

Pour prendre les inscriptions d'élève forestier, il faut avoir suivi les classes d'un lycée ou d'une école supérieure des sciences appliquées.

Les cours de l'Académie agricole sont de quatre ans, dont un ou deux employés à l'instruction pratique. L'école forestière est libre et organisée comme les Facultés des sciences en France. L'enseignement théorique est divisé en deux parties ; chacune d'elles se termine par une épreuve. La première porte sur les sciences suivantes : mathématiques, physique et météorologie, chimie, géognosie, botanique, zoologie et dessin. La seconde comprend les branches qui suivent : culture des bois, économie forestière et aménagement des forêts, exploitation, débit et estimation des bois, statistique forestière, jurisprudence, géodésie, mécanique et construction des routes, botanique forestière et zoologie forestière. L'instruction est complétée par des excursions et des exercices pratiques. Dix professeurs sont chargés des cours, et l'école est pourvue de riches collections, d'un grand laboratoire de chimie et d'un jardin botanique. — Les candidats subissent en outre deux examens de pratique ; le premier est celui d'admission pour lequel on exige des connaissances pratiques élémentaires d'exploitation et de culture ; pour le second, on demande l'exécution de l'aménagement d'une forêt, des éclaircies, des coupes d'ensemencement et le tracé d'une carte forestière assez étendue. Ceux qui ont satisfait à ces deux examens peuvent seuls entrer dans les services publics ; les autres se placent dans les domaines privés. — Depuis cinq ans, 3 élèves sur 24 qui suivent les cours de l'Académie agricole, ont passé les examens annuels.

Bibliographie. — Les ouvrages danois sur la sylviculture sont assez peu nombreux et paraissent être parfaitement inconnus à l'étranger, sauf cependant en Suède et en Norwége. Il n'y a pas de cours complets de sylviculture ; ce sont les ouvrages allemands qui servent de règle. Quelques auteurs danois ont cependant fait paraître des publications spéciales qui prouvent que le pays n'est pas resté en arrière pour la science forestière.

Le ministre d'État comte de Reventlow et M. Hansen, professeur à l'Académie, ont publié de remarquables travaux sur l'économie forestière. — Parmi les auteurs qui par leurs études exactes et approfondies ont ouvert des voies nouvelles au traitement des

forêts, il faut citer MM. Oppermann et Sarauw, inspecteurs des
forêts. M. le docteur Vaupell, dans ses *Études classiques* sur
l'histoire naturelle, a indiqué les modifications d'essences et l'envahissement des forêts par le hêtre. M. le professeur Schjödle
vient de faire paraître la première partie d'un ouvrage tout à fait
supérieur sur les insectes nuisibles à l'exploitation forestière. —
M. Rostrup a fait connaître les champignons parasites des arbres.
Enfin il existe des ouvrages statistiques dus à la plume de
MM. Olupsen et Lütken ; la législation forestière a été traitée par
MM. Fallesen, Berysöe et Borup. — Depuis trois ans, une revue
forestière, subventionnée par le gouvernement, contient de nouvelles et sérieuses recherches de mathématiques, de chimie, de
botanique et de statistique appliquées aux questions forestières.

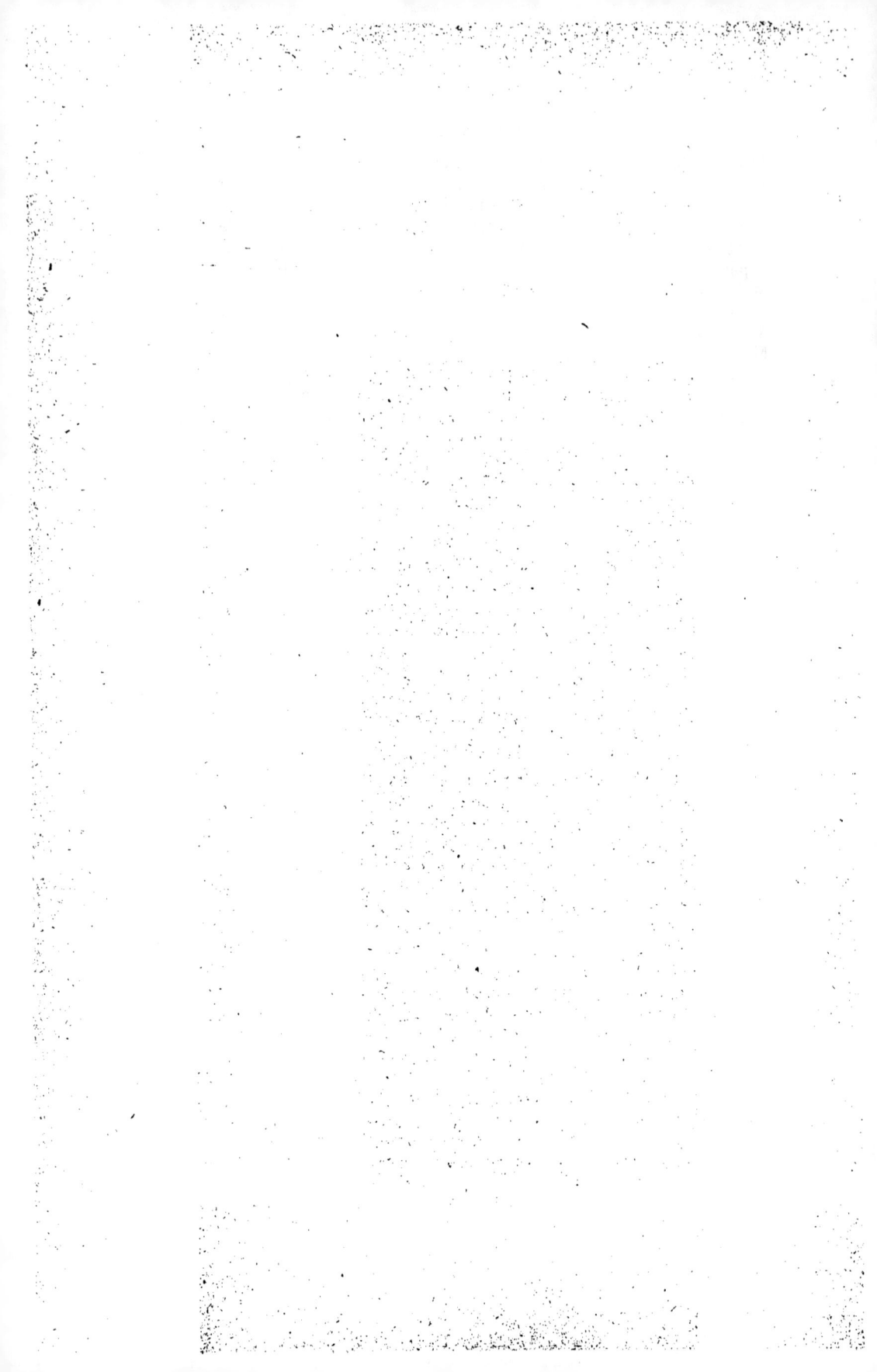

LAITERIES

D'après les statistiques officielles, le nombre des vaches laitières du Danemark s'élève de 800,000 à 900,000 auxquelles il faut joindre quelques chèvres. Ces vaches sont réparties sur plus de 150,000 exploitations. On ne trait donc pas en moyenne plus de six vaches par exploitation. Un grand nombre de fermes n'en possèdent que de une à trois ; plus de 40,000 en entretiennent de 7 à 9 (*Bondergaarde*) ; sur 4,000 fermes, on en rencontre de 20 à 66 (*Mellemgaarde*) ; enfin sur 6,000 fermes environ on recueille le lait de 67 à 300 vaches, soit 100 environ en moyenne (*Herregaarde*).

Vers le milieu du mois de mai, on envoie ordinairement les vaches au pâturage ; elles y restent jusqu'en octobre ; à partir de cette époque, elles rentrent à l'étable et sont soumises à la stabulation complète.

Jadis, les naissances se produisaient immédiatement avant le départ pour les pâturages, mais on a reconnu l'inconvénient de ce procédé ; la nature du sol et le climat ne favorisant pas autant en Danemark la croissance des herbes que dans les contrées mieux situées sous ce rapport. Aussi a-t-on de plus en plus avancé l'époque de la parturition qui a lieu maintenant en octobre et en novembre. On obtient une plus grande quantité de lait, et, de plus, cette production a lieu au moment où les autres pays en produisent moins ; le beurre et le lait atteignent ainsi des prix plus élevés.

Ce n'est pas sans difficulté qu'on a procédé à ce changement des lois ordinaires de la nature ; il a nécessité de sérieuses modifications dans l'économie des cultures qui sont subordonnées aux exigences de la production laitière. La plus grande partie de l'orge et de l'avoine que produit le pays, et qu'on exportait autrefois, est aujourd'hui retenue sur les fermes pour la consommation des vaches laitières pendant l'hiver. Les blés, qu'on expédiait en grains, sont maintenant transformés en farine, afin de conserver le son. On fait consommer les tourteaux de colza et des autres graines oléagineuses, et on en fait venir de grandes quantités non-seulement des pays de l'Europe, mais des contrées les plus lointaines, qui concourent ainsi à la prospérité des laiteries. On peut donc dire que l'industrie laitière en Danemark a un caractère quasi-international.

En général, chaque ferme a sa laiterie, qu'on y élève une ou trois cents vaches. On y voit aussi quelques fruiteries ; mais, bien que leur nombre s'accroisse de jour en jour, elles ne jouent qu'un rôle très-secondaire à côté de l'industrie laitière.

A l'exception du lait consommé à la ferme pour la nourriture des gens ou l'élevage des veaux, tout le reste est employé à la fabrication du beurre et des fromages maigres. On fait bien quelques fromages gras, mais en petite quantité, il n'y en a pas assez pour la consommation du pays. La fabrication des fromages maigres a elle-même moins d'importance que celle du beurre, qui donne plus de bénéfices.

En général, on fabrique du beurre de crème ; aussi toute la sollicitude des laitiers s'applique-t-elle à favoriser l'ascension de la crème.

Jusqu'en 1869, toutes les laiteries danoises employaient le procédé du Holstein, qui consiste à verser le lait aussitôt la traite dans des vases cylindriques, ordinairement en bois, qu'on faisait reposer directement sur le sol de la laiterie proprement dite, où l'on s'efforçait de maintenir constamment un air pur et frais.

L'épaisseur du liquide, dans chaque vase, ne dépassait pas 4 à 5 centimètres; on devait donc disposer d'une grande surface; c'est ce qui explique l'étendue des bâtiments de la laiterie dans la plupart des fermes danoises.

Cette méthode exige un travail assez considérable et présente de grandes difficultés pendant l'été ; aussi, depuis neuf ans, on l'a remplacée par de nouveaux procédés qui demandent moins de travail, assurent un refroidissement plus rapide du lait et donnent des produits de qualité supérieure.

A peu près à la même époque on avait commencé à adopter deux systèmes qui offrent les mêmes avantages : celui d'Orange County (États-Unis), et le système Swartz.

Dans les deux systèmes, l'ascension de la crème se fait dans des vases en fer-blanc d'une assez grande hauteur. On place ces vases dans de l'eau froide, à la température des sources, suivant le système Orange-County; dans de l'eau refroidie, et même amenée à zéro au moyen de glace, suivant le système Swartz.

Le procédé Orange-County a été adopté le premier, il est d'une exécution plus facile; mais en présence des avantages que présente le système Swartz, ce dernier est devenu d'un usage général.

On distingue en Danemark deux sortes de beurre; celui qu'on fait avec de la crème recueillie aussitôt qu'elle est montée, et qu'on appelle beurre doux (*Södt Smör*); l'autre qu'on fait avec de la crème qu'on a laissée s'aigrir un peu, et qu'on nomme beurre aigre (*Syrnet Smör*). Le second, qui ressemble au beurre des autres pays, a plus de goût, mais le premier est beaucoup plus fin.

On se sert en général, pour la fabrication du beurre, d'une baratte conique avec un axe vertical garni d'un appareil à ailettes ; à l'intérieur se trouvent en outre trois barattes placées verticalement, pour arrêter le mouvement giratoire de la crème. Ce n'est que sur les très-petites fermes qu'on voit d'autres formes de barattes, mais nulle part on n'emploie la grande sérène, si usitée dans certaines provinces de la France et dans quelques autres pays. Les barattes danoises sont mues soit à bras d'hommes, soit mécaniquement, manéges, machines à vapeur, roues hydrauliques, suivant la force motrice employée dans chaque établissement.

Le barattage a lieu ordinairement tous les jours, même dans les petites fermes ; quand le beurre est fait, on le recueille sur des tamis, et on en achève le délaitage soit en le pétrissant avec la main, comme cela avait lieu autrefois, soit en le soumettant à une machine à pétrir du système Embrée de Chester (États-Unis). L'auteur de ce mémoire en a fait venir une en 1871, et après quelques modifications faites par les constructeurs danois, elle s'est répandue rapidement en Danemark, d'où elle est passée dans presque tous les États européens. Et cependant, en 1876, elle était encore à peine connue aux Etats-Unis.

On lave rarement le beurre à l'eau ; en revanche on le sale presque toujours, non pas, comme on le croit, en vue seulement de l'exportation dans les pays méridionaux, mais pour satisfaire au goût des consommateurs indigènes qui n'aiment pas le beurre frais.

Les consommateurs exigent de plus que le beurre ait la même couleur pendant toute l'année ; on arrive à ce résultat par des procédés artificiels et on est parvenu à créer en Danemark une *couleur de beurre* qui est devenue l'objet d'une industrie importante ; on en expédie de grandes quantités depuis quelques années en Suisse, en Hollande, en Angleterre, en France, même aux États-Unis et en Australie.

Le beurre fabriqué est introduit dans de petits barils de bois contenant 14, 28 ou 36 kilogrammes ; soit 1/8, 1/4, 1/3 de tonneau danois. Le tonneau de beurre équivaut à 1/2 kilogramme. C'est dans les barils de 36 à 45 kilogrammes que le beurre conserve le mieux ses qualités ; aussi préfère-t-on les vases de cette capacité.

Le beurre à destination de l'Angleterre est expédié dans ces mêmes emballages ; celui qui doit être expédié dans les pays tropicaux est mis en boîtes de fer-blanc soudées, certaines maisons ont la spécialité de cette industrie ; nous citerons entre autres : The Sandinavian preserved butter Company (*Busckjumor et C°*) ; The Danish preserved butter Company (*Otto Monsted*) ; M. *Philippe W. Heyman ;* M. *P. F. Espensen.*

L'exportation du beurre s'est élévée de 4,338, 544 kilogrammes en 1866, à 12,671,232 kilogrammes en 1877; elle a donc presque triplé depuis dix ans. Nous l'avons dit plus haut, l'époque de la production coïncide avec la période des prix les plus élevés; de plus, la qualité s'est améliorée; on comprend facilement la faveur dont jouissent les beurres danois. Rien n'est épargné du reste, par les producteurs, pour maintenir leur réputation.

On se sert, pour la fabrication des fromages maigres, de lait écrémé auquel on ajoute parfois une partie du lait de beurre. On a cherché à améliorer la qualité des fromages, mais comme la production de beurre donne des bénéfices bien supérieurs, c'est surtout de ce côté que s'est portée l'attention des agriculteurs, et les fromages se sont moins perfectionnés. D'un autre côté, la production n'a jamais dépassé la consommation indigène, et les consommateurs n'ont jamais regardé de très-près à la qualité. Cependant la production augmente, il deviendra bientôt nécessaire de recourir aux marchés étrangers, ce qu'on ne pourra faire qu'en améliorant les fromages. On peut s'attendre à de rapides progrès de ce côté.

Les fromages maigres qu'on fabrique aujourd'hui sont tous à pâte ferme; ils ressemblent à ceux du duché de Holstein; on en fait également à la façon de ceux de Cheddar et de Gouda. Leur poids varie de 6 à 20 kilogrammes.

La fabrication des fromages gras est peu importante. On a tenté d'imiter les fromages de Gruyère et de Cheddar. Sur quelques points, on a essayé de faire du Roquefort, du Stilton, du Chester, du Camemberg, du Brie et de l'Edam.

On fait souvent avec le petit-lait un fromage très-agréable, le *Myseost*, dont on trouve des spécimens à Paris, chez M. David.

On emploie, pour faire cailler le lait, l'extrait de présure de M. Christia Hansen, de Copenhague, dont les excellentes qualités lui ont fait très-vite, comme à la couleur de beurre danoise, un grand succès. Cet extrait de présure est l'objet d'une exportation considérable.

On estimait autrefois que 100 kilogrammes de lait produisaient 3^k,7 de beurre et 5^k,5 de fromage maigre pour la vente. Aujourd'hui, on retire un peu moins de beurre pour augmenter la qualité du fromage.

Le lait de beurre et le petit-lait dont on ne tire pas parti, soit pour la fabrication des fromages, soit pour la consommation des ouvriers de la ferme, est utilisé à l'élevage et à l'engraissement des porcs, auxquels on donne en outre de l'orge, des pois et d'autres nourritures pâteuses.

L'exportation annuelle des porcs représente une somme d'environ 20,000,000, sans compter le lard salé et la graisse.

On n'employait autrefois que des femmes au travail des laiteries, excepté dans les fermes où l'on fabrique le fromage gras, façon Gruyère. Depuis quelques années on y occupe des jeunes gens soit comme apprentis, soit comme chefs.

Tous les faits relatifs à la laiterie sont inscrits sur un registre spécial. Non-seulement on indique chaque jour le poids du lait recueilli, du beurre et des fromages fabriqués, mais on y consigne toutes les observations suscitées pendant la durée des travaux. C'est le véritable moyen de donner naissance à de nouveaux progrès (1).

C'est en 1836 qu'on a commencé à s'occuper sérieusement du développement de l'industrie laitière en Danemark. La Société royale d'agriculture encouragea un certain nombre de jeunes filles auxquelles elle procura des places d'apprentissage. Elle fît les frais de leur instruction, de manière à les mettre en mesure de diriger plus tard les servantes de laiterie.

Ces subventions ont été continuées pendant de longues années.

En 1860, la société chargea M. Seglecke de faire des études, qui se sont poursuivies jusqu'à ce jour, sur le lait et son emploi pratique, et particulièrement sur l'usage et la conservation de la glace, qui ont beaucoup aidé à la propagation du système Swartz.

L'Etat et un grand nombre d'associations locales ont apporté leur concours au développement de l'industrie laitière. Dès 1858, un cours des travaux de laiterie a été ouvert à l'école vétérinaire, et, en 1874, on a nommé un professeur agrégé pour cette spécialité. On a facilité aux jeunes agriculteurs les moyens de s'instruire en les plaçant dans divers établissements, ils passaient plusieurs mois dans chacun d'eux. Plus de six cents cultivateurs ont déjà profité de cette faveur.

Les expositions de beurre et des produits de la laiterie ont encore contribué aux progrès. Elles sont très-fréquentées et accompagnées de conférences sur les travaux relatifs à cette industrie. On est arrivé ainsi, en peu d'années, à faire de la laiterie une des principales ressources de l'agriculture danoise.

TABLE DES MATIÈRES

PREMIÈRE PARTIE

DEUXIÈME PARTIE

5277-78. — Corbeil. Typ. et stér. de Crété.

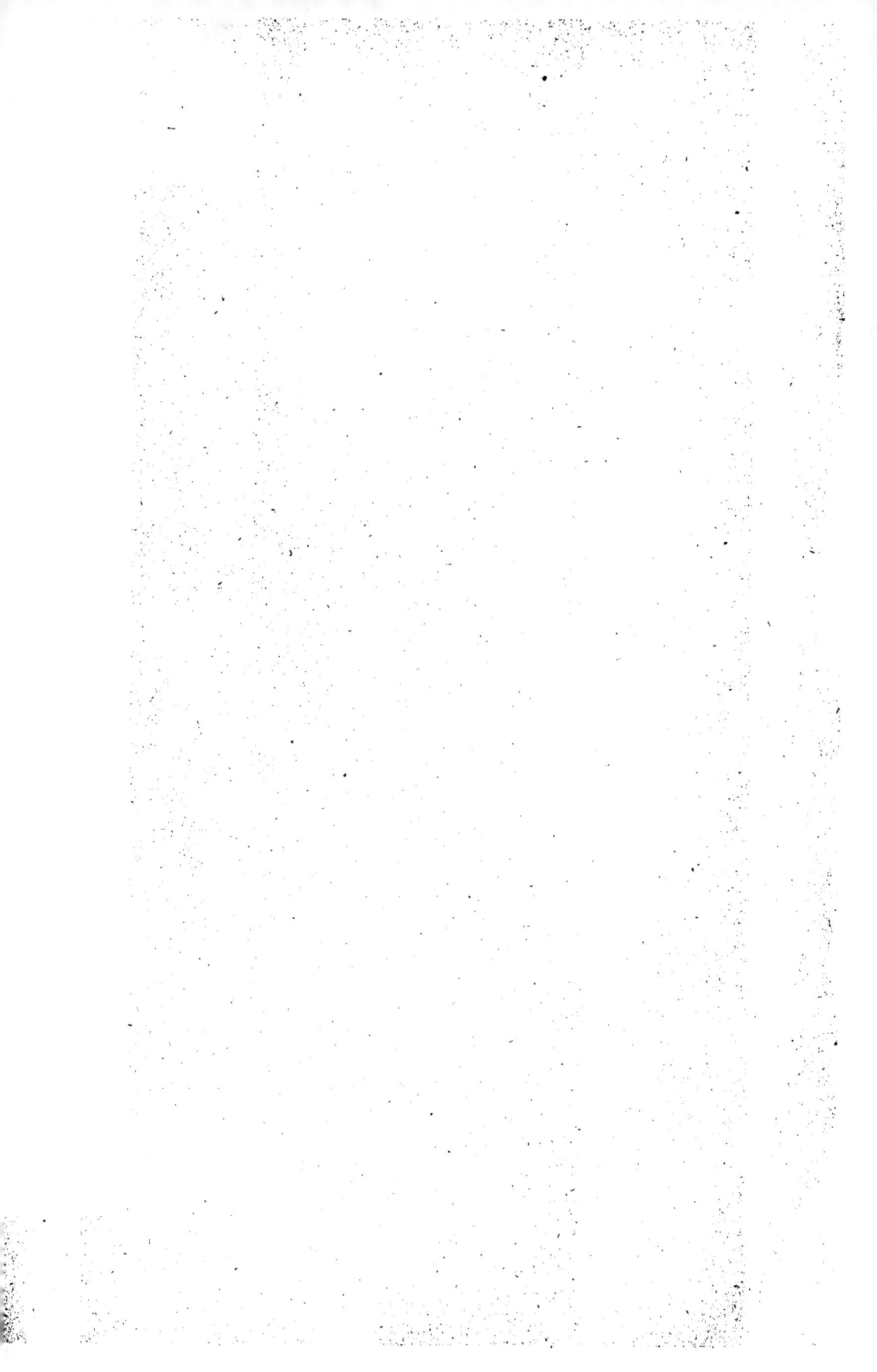

CORBEIL. — TYP. ET STÉR. DE CRÉTÉ.

5277-78